베트남 새댁 한국 밥상 차리기

Phương pháp chế biến món ăn Hàn Quốc

다문화 가정을 위한 한국요리 시리즈

베트남 새댁 한국 밥상 차리기

초판 1쇄 발행 | 2009년 11월 13일
지은이 | 한국다문화가정연대
펴낸이 | 최   건
기   획 | 오진호
마케팅 | 이동희
펴낸곳 | ㈜아리수에듀

바로세움은 ㈜아리수에듀의 출판 브랜드입니다.

주소 | 서울시 금천구 가산동 60-4 코오롱테크노밸리 310호
전화 | 02) 878-4391 팩스 | 02) 878-4392
홈페이지 : http://www.arisuedu.co.kr

ISBN : 978-89-93307-33-7 03590

감   수 | 정혜정 (우송대학교)
베트남어 감수 | 도흥만 (한국학중앙연구원)
사   진 | 김장곤
코디네이터 | 송은숙
도움주신 분들 | 한국다문화가정연대 자원봉사단 '솥단지'

* 잘못 만들어진 책은 구입하신 서점에서 교환해 드립니다.

베트남 새댁 한국 밥상 차리기

Phương pháp chế biến món ăn Hàn Quốc

한국다문화가정연대

바로세움

머리말

최근 우리사회는 다문화시대에 급속히 진입하고 있습니다.

일상적인 생활 공간이나 TV드라마를 통해서도 다양한 언어와 피부색의 이주외국인을 쉽게 접하게 됩니다.

법무부에 따르면 우리나라의 이주외국인은 2008년 5월 기준으로 116만 명으로 전 인구의 2%에 달하는 규모라고 합니다. 특히 결혼 이주민이 16만 명에 달하고 농촌의 경우 최근 결혼하는 남성 10명 중 4명이 외국인 아내를 배우자로 맞는다는 통계가 나올 만큼 '다문화 가정'은 우리 사회에서 이미 보편화되어 있습니다.

더욱 놀라운 것은 2050년이 되면 한국 내 이민자와 그 자녀가 전체 인구의 21%에 달할 것으로 UN이 예측하고 있다는 것입니다. 이렇듯 이주외국인은 과거에 생각했던 돈벌이를 위해 우리나라에 잠시 머물다 떠나는 존재가 아니라 우리사회에 뿌리를 내리고 살아가는 공동체 구성원인 것입니다.

그러나 우리사회는 다문화시대로의 빠른 변화에도 불구하고 법적, 제도적, 정신적 뿌리는 여전히 단일민족, 순수혈통 신화에서 완전히 벗어나지 못하고 있습니다. 이것은 외국인 노동자에 대한 차별, 외국인을 가족으로 받아들이는데 대한 거부감, 백인에 대한 맹목적 우대와 저개발국 국민에 대한 멸시 등으로 나타나고 있습니다. 우리는 하루 빨리 이런 독선과 아집을 버리고 다문화 시대에 걸맞은 다양성, 개방성, 포용력을 길러야 합니다.

다행히 금년도에 비로소 다문화시대에 대응한 조치로서 '다문화가족지원법'이 입법화 되었습니다.

법에서는 다문화 가족이 대한민국에서 생활하는데 필요한 기본적 정보를 제공하고, 사회적응 교육과 직업교육을 받을 수 있도록 지원을 명문화 하고 있습니다. 다문화가족지원법에 담긴 문제의식이 정부만이 아니라 우리사회 다양한 영역에서 함께 고민되고 실천되어야 할 것입니다.

저희 '한국다문화가정연대'에서 만나본 이주외국인 여성들의 경우 언어소통 문제만큼이나 음식문화에 적응하고 주부로서의 역할을 하는 것에 힘들어 했습니다. 이런 이주외국인 여성들의 어려움을 해소하는데 조금이나마 도움이 되고자 다양한 언어문화권의 이주외국인 여성들을 위한 한국요리책시리즈를 기획하게 되었습니다. 우리나라 가정에서 자주 쉽게 만들어 먹는 대표적인 음식 45종을 중심으로 레시피를 구성하였습니다.

이번에 출간되는 '다문화가정을 위한 한국요리시리즈'가 우리나라에서 생활하는 모든 외국이주민들, 특히 가정을 꾸리고 주부로 살아가는 이주외국인 여성들과 가족들에게 작은 즐거움을 줄 수 있기 바랍니다. 마지막으로 본 출판작업에 도움을 주신 ㈜아시아 벤처링크 윤홍식 대표이사, (재)국제평화전략연구원 박호성 수석연구위원께 감사의 말씀을 드립니다.

한국다문화가정연대 공동대표 현기대, 조원기

레시피 순서 Trình tự các công thức chế biến

※ 모든 레시피 4인 기준 Tất cả các công thức áp dụng cơ bản cho phần ăn 4 người

쌀밥 | Cơm

● 만드는 법

1_ 분량의 쌀을 준비해서 탁한 흰색이 나오지 않을 정도 3~4번 정도 씻는다. (너무 세게 씻으면 영양이 파괴되고 밥맛이 없어짐)
2_ 씻은 쌀에 분량의 물을 붓고 30분~1시간 정도 불린다.
3_ 불린 쌀과 물을 그대로 냄비에 넣고 뚜껑을 닫은 후 강한 불에서 끓인다.
4_ 밥이 끓기 시작하고 5분 후 약불로 줄인다. 5분간 더 끓인 후 불을 끄고 뚜껑을 닫아놓아 밥이 설익지 않도록 한다.

● Nguyên liệu (재　료)

Gạo 2 cốc, Nước 3 cốc

쌀 2 컵, 물 3 컵

● Cách chế biến món ăn

1_ Chuẩn bị lượng gạo tương ứng, vo nhẹ từ 3~4 lần để phần trắng đậm trên hạt gạo không bị phai. **(a, b)**
(Nếu vo mạnh thì phần dinh dưỡng bị mất, cơm sẽ không ngon)

2_ Cho lượng nước tương ứng vào gạo đã vo, ngâm từ 30 ~ 1 tiếng. **(c)**

3_ Cho gạo đã vo vào nồi, đậy nắp lại và đun trên lửa to.

4_ Khi cơm bắt đầu sôi khoảng 5 phút sau thì cho nhỏ lửa lại. Nấu thêm 5 phút nữa rồi tắt lửa, vẫn đậy nắp để cơm không bị sượng.

● Tip

– Các loại ngũ cốc như gạo đen, lúa mạch thì ngâm lâu hơn trước khi nấu, trong trường hợp của đậu hoặc đậu đỏ thì phải luộc qua 1 lần rồi mới cho vào gạo nấu cùng.

– Thời gian ngâm gạo tùy theo mùa. (mùa hè 30 phút ~ 1 tiếng/ mùa đông 1 ~ 2 tiếng)

– 현미, 보리 등의 잡곡은 더 오래 불렸다가 사용하고 말린 콩이나 팥의 경우는 한번 삶은 후 밥을 하는 것이 좋다.

– 쌀 불리는 시간은 계절마다 차이가 있다. (여름 30분~1시간 / 겨울 1시간~2시간)

김치볶음밥 | Cơm chiên kimchi

● **만드는 법**

1_ 팬에 기름을 두르고 계란프라이를 한 뒤 따로 담아 둔다.   2_ 김치는 한입 크기로 송송 썰고 햄은 정사각형으로 썬다.

3_ 팬에 기름을 두르고 김치와 햄을 볶은 후 따로 담아 둔다.

4_ 기름을 두른 팬에 찬밥을 고슬고슬하게 볶은 뒤 볶은 김치와 햄을 넣어 다시 한 번 살짝 볶는다.

5_ 소금으로 간을 맞추고 계란프라이를 올린다.

Nguyên liệu (재 료)

Cơm nguội 4 bát, Kimchi 1 dĩa,
Xúc xích 100g, Trứng 4 quả,
1 ít muối

찬밥 4 공기, 김치 1 컵,
햄 100g, 계란 4 개,
소금 약간

Cách chế biến món ăn

1_ Tráng dầu vào chảo, tráng trứng xong để riêng ra. **(a)**

2_ Kimchi xắt khúc vừa ăn, thái xúc xích nhỏ đều. **(b)**

3_ Tráng dầu vào chảo, cho kimchi và xúc xích vào xào xong để riêng ra. **(c)**

4_ Cho cơm nguội vào chảo đã tráng dầu, đảo đều tay, sau đó cho kimchi và xúc xích vào và trộn đều thêm lần nữa. **(d)**

5_ Nêm muối vừa ăn, đặt trứng rán lên trên.

Tip

– Có thể sử dụng thịt cá ngừ kho hoặc trứng cá thay cho xúc xích.

– 햄 외에 참치 통조림이나 날치알 등을 넣어 만들어도 좋다.

콩나물밥 | Cơm trộn giá đậu nành

● **만드는 법**

1_ 쌀을 씻어 불려두고 콩나물은 꼬리를 떼고 씻어 둔다.
2_ 쇠고기는 곱게 다져 갖은 양념을 한다.
3_ 냄비에 불린 쌀과 동일 분량의 물을 붓고 콩나물과 양념한 고기를 올린 후 밥을 한다.
4_ 분량의 재료를 섞어 양념장을 만든다.

● Nguyên liệu (재 료)

Gạo 2 cốc, Giá đậu nành 300g,
Thịt bò 100g, Nước 2 cốc

▶**Gia vị ướp thịt bò**
Nước tương 1 thìa lớn,
Hành băm 1 thìa nhỏ,
Tỏi băm nửa thìa nhỏ,
1 ít đường, 1 ít tiêu,
1 ít dầu vừng

▶**Hỗn hợp gia vị**
Nước tương 4 thìa lớn,
Ớt bột 1 thìa lớn,
Hành băm 1 thìa lớn,
Tỏi băm nửa thìa lớn,
Đường 1 thìa nhỏ,
Muối vừng nửa thìa nhỏ,
Dầu vừng nửa thìa nhỏ

쌀 2 컵, 콩나물 300g,
쇠고기 100g, 물 2 컵

▶쇠고기 양념
간장 1 큰술, 다진 파 1 작은술,
다진 마늘 1/2 작은술, 설탕 약간,
후추 약간, 참기름 약간

▶양념장
간장 4 큰술, 고춧가루 1 큰술,
다진 파 1 큰술, 다진 마늘 1/2 큰술,
설탕 1 작은술, 깨소금 1/2 작은술,
참기름 1/2 작은술

 ⓐ
 ⓑ
 ⓒ
 ⓓ

● Cách chế biến món ăn

1_ Vo gạo xong đem ngâm, giá đậu nành bỏ gốc đem rửa sạch. **(a)**

2_ Thịt bò băm ướp với gia vị ướp thịt bò. **(b)**

3_ Cho nước tương ứng vào gạo đã ngâm vào trong nồi, phủ giá đậu nành và thịt bò ướp lên rồi nấu. **(c)**

4_ Trộn các nguyên liệu tương ứng làm hỗn hợp gia vị. **(d)**

콩나물국 | Canh giá đậu nành

● 만드는 법

1_ 콩나물은 꼬리를 떼고 씻어 둔다.   2_ 실파는 뿌리부분을 정리한 뒤 깨끗이 씻은 후 송송 썰어 둔다.

3_ 냄비에 물을 넣고 다시마와 멸치, 콩나물을 넣는다.

4_ 물이 끓어 콩나물이 익으면 다시마를 건져내고 5분 정도 더 끓인다.

5_ 4에 실파를 넣은 뒤 소금 간을 하고 불을 끈다.

Giá đậu nành 300g, Nước 4 cốc,
Hành lá 3 cây, Muối lượng vừa đủ,
Tảo bẹ (5×5cm) 1 miếng,
Cá cơm dùng nấu canh 4 con

콩나물 300g, 물 4 컵,
실파 3 줄기, 소금 적당량,
다시마(5×5cm) 1 개,
국물용 멸치 4 마리

● Cách chế biến món ăn

1_ Giá đậu nành bỏ gốc đem rửa sạch. **(a)**

2_ Hành lá bỏ rễ đem rửa sạch và xắt đốt.

3_ Cho nước vào nồi, cho tảo bẹ, cá cơm và giá vào. **(b, c)**

4_ Nước sôi, giá chín, vớt tảo bẹ ra và đun thêm khoảng 5 phút nữa.

5_ Cho hành lá xắt nhỏ vào, nêm muối rồi tắt lửa. **(d)**

● Tip

– Nếu giá đậu nành chín quá thì vitamin C trong nó sẽ mất đi, nên để giá đậu nành chín vừa phải.

– Canh giá đậu nành nên được bảo quản trong tủ lạnh thì ăn sẽ mát.

– Nên mở nắp ngay từ đầu khi đang nấu, vì nếu mở nắp giữa chừng thì canh sẽ có mùi tanh.

– 콩나물을 푹 익히면 콩나물의 비타민C가 파괴되므로 약간 아삭할 정도로만 살짝 익히는 것이 좋다.

– 콩나물국은 냉장고에 보관해서 시원하게 먹어도 좋다.

– 콩나물국을 끓일 때 중간에 뚜껑을 열면 비린내가 날 수 있으므로 처음부터 뚜껑을 열고 조리하도록 한다.

쇠고기무국 | Canh củ cải thịt bò

● 만드는 법

1_ 쇠고기는 한입 크기로 썬다.   2_ 무는 나박썰기 한다.(2×2×0.3cm)

3_ 파는 어슷하게 썰고 마늘은 곱게 다진다.   4_ 냄비에 식용유를 두르고 다진 마늘과 썰어 둔 쇠고기를 볶는다.

5_ 쇠고기가 반쯤 익으면 무를 넣고 투명해 질 때까지 볶는다.   6_ 무가 투명해지면 물을 부어 끓인다.

7_ 국이 다 끓으면 국간장과 소금으로 간을 맞춘다.   8_ 마지막에 썰어둔 대파를 넣어 마무리 한다.

● Nguyên liệu (재 료)

Thịt bò (ức hoặc đùi) 200g,
Củ cải trắng 400g, Nước 5 cốc,
Hành ba-rô 1 nhánh, Tỏi 4 tép,
Nước tương nấu canh lượng vừa đủ,
Muối lượng vừa đủ, Dầu ăn 2 thìa nhỏ

쇠고기(양지 또는 사태) 200g,
무 400g, 물 5 컵,
대파 1 대, 마늘 4 쪽,
국간장 적당량, 소금 적당량,
식용유 2 작은술

● Cách chế biến món ăn

1_ Thịt bò xắt miếng vừa ăn.

2_ Củ cải xắt lát. (2×2×0.3cm) **(a)**

3_ Hành xắt xéo, tỏi băm đều.

4_ Tráng dầu vào chảo, cho thịt bò và tỏi vào xào lên. **(b)**

5_ Thịt bò vừa chín tái, cho củ cải vào xào đến khi đổi màu. **(c)**

6_ Sau khi củ cải chín thì cho nước vào đun sôi. **(d)**

7_ Nước sôi đều, nêm muối và nước tương canh vào.

8_ Cuối cùng rắc hành ba-rô lên trên.

● Tip

– Có thể thái thịt bò miếng đã được nấu lấy nước để dùng tiếp.

– 덩어리 고기를 이용할 경우 육수를 낸 후 썰어서 사용해도 된다.

미역국 | Canh rong biển

● **만드는 법**

1_ 마른 미역을 물에 넣어 불린 후 먹기 좋은 크기로 썬다.   2_ 쇠고기는 한입 크기로 썰고 마늘은 곱게 다진다.

3_ 냄비에 참기름을 두르고 다진 마늘과 쇠고기를 넣어 볶는다.   4_ 쇠고기가 반쯤 익으면 썰어 둔 미역을 넣어 1분 정도 더 볶는다.

5_ 4에 물을 붓고 20분 정도 푹 끓인다.

6_ 소금과 국간장으로 간을 맞춘다.

● Nguyên liệu (재 료)

Rong biển khô 80g,
Thịt bò (ức hoặc đùi) 200g,
Nước 4 cốc, Tỏi 3 tép,
Dầu vừng 2 thìa nhỏ,
Nước tương nấu canh lượng vừa đủ,
Muối lượng vừa đủ

마른 미역 80g,
쇠고기(양지 또는 사태) 200g,
물 4 컵, 마늘 3 쪽,
참기름 2 작은술, 국간장 적당량,
소금 적당량

● Cách chế biến món ăn

1_ Ngâm rong biển trong nước, sau khi nở ra thì xắt thành miếng vừa ăn. **(a)**

2_ Thịt bò xắt miếng vừa ăn ướp với tỏi băm đều.

3_ Tráng dầu vừng vào nồi, cho tỏi băm và thịt bò vào xào lên. **(b)**

4_ Khi thịt bò vừa chín tái thì cho rong biển đã xắt để sẵn vào, xào lên khoảng 1 phút. **(c)**

5_ Cho nước vào tiếp tục và nấu trong khoảng 20 phút. **(d)**

6_ Nêm muối và nước tương canh vào.

● Tip

– Có thể cho sò hoặc nghêu vào canh rong biển thay thịt bò.

– Cần nêm muối và nước tương canh theo tỉ lệ 3:1 vào canh rong biển, vì nếu cho quá nhiều nước tương canh vào thì màu nước canh sẽ bị đen.

– 미역국에 쇠고기 외에도 홍합이나 바지락을 넣기도 한다.

– 미역국에 간을 할 때 국간장을 너무 많이 넣으면 색이 짙어지므로 소금과 국간장의 비율은 3:1 정도가 좋다.

북어국 | Canh cá pô-lắc khô

● 만드는 법

1_ 북어채를 물에 불려두고 두부는 정사각으로 깍뚝썰기 한다.   2_ 양파는 굵게 채 썰고 대파는 어슷하게 썰어두고 계란은 잘 풀어 둔다.
3_ 냄비에 참기름을 두르고 북어채와 양파를 볶다가 물을 붓고 끓인다.
4_ 뽀얀 국물이 우러나면 두부와 파를 넣고 풀어놓은 계란을 조금씩 넣어 줄알을 만든 뒤 5분 정도 더 끓인다.
5_ 국이 다 끓으면 소금으로 간을 한다.

● Nguyên liệu (재 료)

Cá pô-lắc khô 1 con,
Đậu hủ nửa miếng, Hành tây 1 củ,
Hành lá ba-rô 1 nhánh, Trứng 1 quả,
Nước 4 cốc, Dầu vừng 1 thìa lớn,
Muối lượng vừa đủ

북어채 1 마리, 두부 1/2 모,
양파 1 개, 대파 1 대,
계란 1 개, 물 4 컵,
참기름 1 큰술, 소금 적당량

● Cách chế biến món ăn

1_ Ngâm cá pô-lắc vào nước, đậu hủ xắt vuông nhỏ. **(a)**

2_ Hành tây xắt miếng dày, hành ba-rô xắt xéo, trứng đánh tan.

3_ Tráng dầu vào chảo, xào cá và hành tây 1 lượt rồi cho nước vào nấu. **(b, c)**

4_ Khi nước canh màu trắng thoát ra thì cho đậu và hành vào, cho từng chút một trứng đánh tan sẵn vào để tạo thành sợi trứng, nấu thêm 5 phút nữa. **(d)**

5_ Khi nước sôi thì nêm muối.

● Tip

– Trứng sợi: khi nấu nước canh nên cho trứng gà đánh tan vào từng chút một vào nước đang sôi để có được vị mềm của trứng.

– Cá pô-lắc thỉnh thoảng có gai nên phải loại bỏ gai trước rồi sử dụng.

– 줄알 : 국물요리에 계란을 넣을 때 부드러운 맛을 느끼게 할 수 있도록 하는 조리법으로 잘 풀어 놓은 달걀을 조금씩 끓는 국물에 넣는 것.
– 북어채에 간혹 가시가 있는 경우도 있으니 제거한 후 사용한다.

시금치된장국 | Canh tương đậu rau bi-na

● 만드는 법

1_ 시금치는 뿌리를 제거하고 씻어 둔다.

2_ 찬물에 국물용 멸치와 다시마, 된장을 넣고 10~15분 정도 끓인다.

3_ 시금치를 넣고 5분 정도 더 끓인다.

4_ 만약 싱겁다면 소금 간을 한 뒤 불을 끈다.

● Nguyên liệu (재 료)

Rau bi-na 200g, Tương đậu 2 thìa lớn,
Cá cơm dùng nấu canh 4 con,
Tảo bẹ (5×5cm) 1 miếng, Nước 4 cốc,
Muối lượng vừa đủ

시금치 200g, 된장 2 큰술,
국물용 멸치 4 마리,
다시마(5×5cm) 1 개, 물 4 컵,
소금 적당량

● Cách chế biến món ăn

1_ Cắt bỏ gốc rau bi-na rồi rửa sạch. **(a)**

2_ Cho tương đậu, tảo bẹ và cá cơm chuyên dùng để nấy canh vào trong nước
nguội và đun khoảng 10~15 phút. **(b, c)**

3_ Cho rau bi-na vào nấu khoảng 5 phút nữa. **(d)**

4_ Nếu nhạt thì nêm muối vào rồi tắt lửa.

● Tip

– Canh tương đậu hay lẩu tương đậu thường có vị mặn của tương đậu nhưng vị mặn có thể không còn sau khi nấu, nếu nhạt nêm ít
muối vào.

– Tùy sở thích mà có thể cho các loại sò vào nấu với canh thay thế cho cá cơm.

– 된장국이나 된장찌개의 간은 대부분 된장으로 맞추지만 다 끓인 후에 간이 맞지 않는다면 소금을 약간 넣는다.

– 기호에 따라 조개류를 멸치대신 사용하기도 한다.

떡국 | Canh tteok

● **만드는 법**

1_ 떡국용 떡은 물에 불려두고 쇠고기는 먹기 좋은 크기로 썰어 둔다.　2_ 파는 어슷하게 썰고 마늘은 곱게 다진다.
3_ 계란은 노른자와 흰자를 분리한 후 풀어 지단을 부친다.·　4_ 냄비에 참기름을 두르고 다진 마늘과 쇠고기를 넣어 볶는다.
5_ 쇠고기가 반쯤 익으면 물을 넣어 끓이고 10~15분 정도 끓여 고기의 맛이 국물에 우러나면 떡을 넣는다.
6_ 떡이 익으면 국간장, 소금으로 간을 하고 어슷 썬 대파를 넣는다.　7_ 떡국을 그릇에 담고 부쳐둔 지단을 얇게 채 썰어 올려 장식한다.

● Nguyên liệu (재 료)

Tteok dùng nấu canh 600g,
Thịt bò (ức hoặc đùi) 200g,
Hành lá ba-rô 1 nhánh, Tỏi 3 tép,
Trứng 1 quả, Nước 5 cốc,
Nước tương nấu canh lượng vừa đủ,
Muối lượng vừa đủ, Dầu vừng 1 thìa lớn

떡국용 떡 600g,
쇠고기(양지 또는 사태) 200g,
대파 1 대, 마늘 3 쪽,
계란 1 개, 물 5 컵,
국간장 적당량, 소금 적당량,
참기름 1 큰술

● Cách chế biến món ăn

1_ Ngâm tteok dùng nấu canh vào trong nước, thịt bò xắt thành từng miếng vừa ăn. **(a)**

2_ Hành lá xắt xéo, tỏi băm đều.

3_ Tách riêng lòng trắng và lòng đỏ trứng rồi đánh tan ra đem rán.

4_ Tráng dầu vừng vào nồi, cho tỏi băm và thịt bò vào trộn đều. **(b)**

5_ Khi thịt bò vừa chín tái thì cho nước vào đun khoảng 10~15 phút để vị ngọt của thịt bò tiết ra thấm vào nước canh. **(c)**

6_ Nếu tteok chín thì nêm muối, nước tương canh và cho hành ba-rô đã xắt vào. **(d)**

7_ Cho tteok ra dĩa và thái trứng rán thành sợi đặt lên trên để trang trí.

● Tip

– Có thể đánh trứng vào nấu chung với nước canh thay cho phủ trứng rán lên.

– 계란 지단을 올리는 대신 계란을 국물에 풀어 함께 끓이기도 한다.

김치찌개 | Lẩu kimchi

● 만드는 법

1_ 배추김치와 돼지고기, 두부는 한입 크기로 썰어 둔다.
2_ 냄비에 식용유를 살짝 두르고 돼지고기와 김치를 볶는다.
3_ 물을 넣고 20분 정도 푹 끓인다.
4_ 김치가 푹 익으면 두부를 넣고 소금으로 간을 맞춘 뒤 불을 끈다.

● Nguyên liệu (재 료)

Kimchi cải bắp 1/4 bắp,
Thịt lợn (cổ hoặc lưng) 150g,
Đậu hủ nửa miếng, Dầu ăn 1 thìa lớn,
Nước 3 cốc, Muối lượng vừa đủ

배추김치 1/4 포기,
돼지고기(목살 또는 등심) 150g,
두부 1/2 모, 식용유 1 큰술,
물 3 컵, 소금 적당량

● Cách chế biến món ăn

1_ Xắt đậu hủ, thịt lợn và kimchi cải bắp ra thành miếng vừa ăn. **(a)**

2_ Tráng ít dầu ăn vào nồi, cho thịt lợn và kimchi vào xào. **(b)**

3_ Cho nước vào đun sôi khoảng 20 phút. **(c)**

4_ Khi kimchi đã chín nhừ thì cho đậu hủ vào, nêm muối và tắt bếp. **(d)**

● Tip

– Nên dùng kimchi ngâm lâu ngày để làm Lẩu kimchi thì vị sẽ rất ngon.

– Có thể lấy cá thu đao, cá ngừ hộp và xúc xích nấu với canh thay cho thịt lợn và đậu hủ.

– 잘 익은 김치(신김치)를 이용해 김치찌개를 끓이는 것이 맛이 좋다.

– 돼지고기와 두부 외에도 햄, 참치, 꽁치 등을 넣어도 좋다.

된장찌개 | Lẩu tương đậu

● 만드는 법

1_ 물에 멸치와 된장을 넣고 10~15분 정도 끓인다.　　2_ 양파는 한입 크기로 썰고 애호박은 0.5cm 두께의 반달모양으로 썬다.
3_ 표고버섯은 모양대로 썰고 고추는 어슷하게 썬다.　　4_ 두부는 한입 크기의 정사각형으로 썬다.
5_ 1에 애호박, 양파, 표고를 먼저 넣고 5분 정도 끓인다.
6_ 5에 고추, 두부를 넣고 2~3분 정도 더 끓인 뒤 불을 끈다.

● Nguyên liệu (재 료)

Tương đậu 4 thìa lớn, Nước 3 cốc,
Cá cơm dùng nấu canh 4 con,
Hành tây 1 củ, Bí xanh 1/4 quả,
Nấm hương 2 bông,
Ớt xanh và Ớt đỏ 1 quả,
Đậu hủ nửa miếng

된장 4 큰술, 물 3 컵,
국물용 멸치 4 마리, 양파 1 개,
애호박 1/4 개, 표고버섯 2 개,
풋고추나 홍고추 1 개, 두부 1/2 모

● Cách chế biến món ăn

1_ Cho cá cơm và tương đậu vào nước nấu khoảng 10~15 phút. **(a)**

2_ Hành tây xắt miếng vừa ăn, bí xanh xắt hình bán nguyệt dày 0.5cm. **(b)**

3_ Nấm hương xắt mỏng, ớt xắt xéo.

4_ Đậu hủ xắt miếng vuông vừa ăn.

5_ Cho bí xanh, hành tây, nấm hương vào nồi đun khoảng 5 phút. (tiếp theo phần 1) **(c)**

6_ Cho ớt, đậu hủ vào nấu thêm 2~3 phút nữa và tắt bếp. **(d)**

동태찌개 | Lẩu cá pô-lắc đông lạnh

● 만드는 법

1_ 동태는 비늘, 지느러미, 아가미, 내장을 제거한 후 4~5등분 한다.　2_ 바지락은 소금물에 담가 해감시킨다.

3_ 파는 분량의 반은 어슷하게 썰고 반은 다지고 마늘도 다진다.　4_ 무는 1cm 두께로 썬 뒤 4등분 한다.

5_ 고춧가루, 간장, 파, 다진 마늘을 섞어 양념을 만든다.　6_ 끓는 물에 동태, 바지락, 미더덕, 무를 넣는다.

7_ 양념장을 넣고 잘 풀어 준다.　8_ 동태가 다 익으면 소금으로 간을 맞추고 어슷하게 썬 파와 쑥갓을 넣는다.

● Nguyên liệu (재 료)

Cá pô-lắc đông lạnh 1 con,
Nghêu 8 con, Mi-teo-teok 8 con,
Củ cải trắng 300g, Nước 4 cốc,
Hành ba-rô 1 nhánh, Tỏi 2 tép,
Ngò tây (hoặc rau cần) 1 cây,
Ớt bột 3 thìa lớn,
Nước tương 1 thìa lớn, 1 ít muối

동태 1 마리, 바지락 8 개,
미더덕 8 개, 무 300g,
물 4 컵, 대파 1 대,
마늘 2 쪽, 쑥갓(또는 미나리) 1 줄기,
고춧가루 3 큰술, 간장 1 큰술,
소금 약간

● Cách chế biến món ăn

1_ Cá pô-lắc rửa sạch, bỏ vảy, vây, mang và ruột sau đó cắt ra làm 4~5 khúc.

2_ Ngâm nghêu trong nước muối cho sạch bùn. **(a)**

3_ Hành một nửa băm nhỏ và một nửa xắt xéo, tỏi cũng băm nhỏ.

4_ Củ cải xắt miếng dày 1cm và xắt tiếp ra làm 4 phần. **(b)**

5_ Trộn bột ớt, nước tương, hành, tỏi băm với nhau làm gia vị.

6_ Cho cá pô-lắc, nghêu, mi-teo-teok và củ cải vào nước đang sôi. **(c)**

7_ Cho hỗn hợp gia vị vào khuấy đều. **(d)**

8_ Khi cá pô-lắc đã chín thì nêm muối vừa miệng và cho ngò tây và hành xắt xéo vào.

● Tip

– Ngâm sò, nghêu vào nước muối có độ mặn như nước biển thì nó sẽ nhả bùn cát ra.

– 해감은 소금물을 바닷물과 비슷한 염도를 만들어 조개류가 진흙 등을 조개가 토해내도록 하는 것이다.

어묵볶음 | Cha cá xào

● 만드는 법

1_ 어묵을 먹기 좋은 크기로 썬다.   2_ 양파는 굵게 채 썰고 고추는 어슷하게 썬다.

3_ 간장, 설탕, 물엿, 통깨를 섞어 양념장을 만든다.

4_ 팬에 식용유를 두르고 양파와 어묵을 넣어 볶는다.

5_ 4에 양념장과 고추를 넣고 섞어 주며 살짝 볶은 후 통깨를 뿌린다.

● Nguyên liệu (재 료)

Chả cá 2 quả, Hành tây nửa củ,
Ớt xanh và Ớt đỏ 1 quả,
Dầu ăn 2 thìa nhỏ,
Nước tương 2 thìa nhỏ,
Đường nửa thìa nhỏ,
Nước kẹo mạch nha 1 thìa nhỏ,
1 ít vừng

어묵 2 개, 양파 1/2 개,
풋고추나 홍고추 1개,
식용유 2 작은술, 간장 2 작은술,
설탕 1/2 작은술, 물엿 1 작은술,
통깨 약간

● Cách chế biến món ăn

1_ Chả cá cắt miếng vừa ăn. **(a)**

2_ Hành tây xắt dày, ớt xắt xéo. **(b)**

3_ Làm hỗn hợp gia vị từ nước tương, đường, nước kẹo mạch nha, vừng.

4_ Tráng dầu vào chảo, cho hành tây và chả cá vào xào.

5_ Cho hỗn hợp gia vị và ớt vào trộn đều, trộn qua một lần và rắc vừng lên. **(c, d)**

감자볶음 | Khoai tây xào

● **만드는 법**

1_ 감자는 껍질을 벗기고 얇게 채 썰어 물에 담가 전분을 제거한다.

2_ 양파와 당근도 감자 굵기로 채 썬다.

3_ 팬에 기름을 두르고 물기를 뺀 감자와 당근을 먼저 볶다가 양파를 넣어 볶는다.

4_ 재료가 다 익으면 소금, 후추로 간을 한다.

Khoai tây 1 củ, Hành tây nửa củ,
Cà rốt 1/5 củ, Dầu ăn 1 thìa lớn,
Muối lượng vừa đủ, Tiêu lượng vừa đủ

감자 1 개, 양파 1/2 개,
당근 1/5 개, 식용유 1 큰술,
소금 적당량, 후추 적당량

● Cách chế biến món ăn

1_ Khoai tây gọt vỏ, xắt mỏng, ngâm vào nước loại bỏ chất nhờn. **(a, b)**

2_ Hành tây và cà rốt cắt sợi dày hơn khoai tây. **(c)**

3_ Tráng dầu vào chảo, xào cà rốt và khoai tây ngâm trước sau đó mới bỏ hành tây vào. **(d)**

4_ Khi tất cả đã chín thì nêm muối, tiêu vừa ăn.

● Tip

– Nếu rửa khoai tây bằng nước để loại bỏ chất nhờn thì xào sẽ không bị dính.

– 물에 씻어 전분을 제거하면 감자를 볶을 때 들러붙는 것을 막을 수 있다.

멸치볶음 | Cá cơm xào

● 만드는 법

1_ 꽈리고추의 꼭지를 떼고 2등분 하고 마늘은 얇게 썰어 놓는다.

2_ 팬에 식용유를 두르고 꽈리고추에 소금을 뿌려가며 살짝 볶는다.

3_ 팬에 식용유를 두르고 얇게 썬 마늘과 잔멸치를 볶다가 볶은 꽈리고추를 넣고 불을 끈다.

4_ 간장과 물엿을 넣어 잘 섞는다.

● Nguyên liệu (재 료)

Cá cơm nhỏ 1 cốc, Ớt xanh 10 quả,
Dầu ăn 1 thìa lớn, Nước tương 2 thìa nhỏ,
Nước kẹo mạch nha 1 thìa lớn, Tỏi 1 tép

잔멸치 1 컵, 꽈리고추 10 개,
식용유 1 큰술, 간장 2 작은술,
물엿 1 큰술, 마늘 1 쪽

● Cách chế biến món ăn

1_ Ớt xanh bỏ cuống, chia làm 2 phần, tỏi xắt lát mỏng. **(a)**

2_ Tráng dầu vào chảo, rắc muối vào ớt xào qua một lượt. **(b)**

3_ Tráng dầu vào chảo, xào cá cơm nhỏ và tỏi xắt lát mỏng lên sau đó cho ớt vừa
xào vào, tắt bếp. **(c)**

4_ Cho nước tương và nước kẹo mạch nha vào và trộn đều. **(d)**

우엉조림 | Cây ngưu bàng kho

● 만드는 법

1_ 우엉을 깨끗하게 씻어 껍질을 벗기고 원형 그대로 어슷하게 썬다.

2_ 끓는 물에 식초를 넣고 썰어 둔 우엉을 살짝 데친다.

3_ 간장, 설탕, 물엿, 물을 섞어 양념장을 만든 후 냄비에 넣고 끓인다.

4_ 양념장이 끓으면 우엉을 넣고 중간불에서 양념장이 자작해지도록 조린다.

● Nguyên liệu (재 료)

Cây ngưu bàng 1 bó, Giấm 1 thìa nhỏ,
Nước tương 5 thìa lớn,
Đường 1 thìa lớn,
Nước kẹo mạch nha 2 thìa lớn,
Rượu gạo trong 1 thìa nhỏ, Nước 1 cốc

우엉 1 대, 식초 1 작은술,
간장 5 큰술, 설탕 1 큰술,
물엿 2 큰술, 청주 1 작은술,
물 1 컵

● Cách chế biến món ăn

1_ Cây ngưu bàng rửa sạch, bóc vỏ, xắt xéo nguyên hình. **(a, b)**

2_ Cho giấm vào nước đun sôi, cho ngưu bàng đã xắt vào luộc sơ. **(c)**

3_ Sau khi làm hỗn hợp gia vị từ nước tương, đường, nước kẹo mạch nha thì cho vào nồi đun lên.

4_ Nếu hỗn hợp gia vị sôi thì cho ngưu bàng vào, để lửa vừa phải và kho cho đến khi gia vị thấm vào. **(d)**

● Tip

– Cây ngưu bàng có thể bị đổi màu sau khi bóc vỏ vì vậy cần sử dụng hoặc ngâm vào nước ngay.

– 우엉은 껍질을 벗겨두면 색이 변하므로 썬 후 바로 사용하거나 물에 담가 놓는 것이 좋다.

두부조림 | Đậu hủ kho

● **만드는 법**

1_ 두부는 먹기 좋은 크기 1cm 정도의 두께로 썬다.   2_ 파, 마늘은 곱게 다진다.

3_ 간장, 고춧가루, 다진 파, 다진 마늘, 설탕, 물엿, 참기름을 섞어 양념장을 만든다.

4_ 팬에 기름을 살짝 두르고, 썰어 둔 두부는 노릇하게 부친다.

5_ 양면을 다 부친 뒤 두부 위에 양념장을 조금씩 얹고 두부에 간이 배도록 약불로 조린다.

● Nguyên liệu (재 료)

Đậu hủ dùng để chiên 1 miếng,
Dầu ăn 2 thìa nhỏ,
Nước tương 2 thìa lớn,
Bột ớt 2 thìa nhỏ,
Hành ba-rô nửa nhánh,
Tỏi 1 tép, Đường 1 thìa nhỏ,
Nước kẹo mạch nha 1 thìa nhỏ,
Dầu vừng nửa thìa nhỏ

부침용 두부 1 모, 식용유 2 작은술,
간장 2 큰술, 고춧가루 2 작은술,
대파 1/2 대, 마늘 1 쪽,
설탕 1 작은술, 물엿 1 작은술,
참기름 1/2 작은술

● Cách chế biến món ăn

1_ Đậu hủ xắt miếng vừa ăn, dày 1cm. **(a)**

2_ Băm nhỏ tỏi, hành.

3_ Trộn nước tương, tỏi băm, hành băm, đường, nước kẹo mạch nha, dầu vừng làm hỗn hợp gia vị. **(b)**

4_ Cho đậu hủ xắt vào chảo dầu chiên vàng. **(c)**

5_ Sau khi chiên vàng cả 2 mặt thì tưới hỗn hợp gia vị từng chút một lên trên và kho với lửa nhỏ đến khi gia vị thấm vào đậu. **(d)**

● Tip

– Nếu chiên đậu hủ bằng dầu ăn thì vị ngon sẽ tăng hơn, và nên sử dụng đậu hủ chiên vàng để kho vì thế ăn sẽ dai hơn lúc chưa chín vàng.

– 두부를 기름에 부치면 고소한 맛이 더 증가되고 익지 않았을 때보다 단단해지므로 프라이팬에서 익힌 후에 조리하도록 한다.

장조림 | Thịt kho nước tương

● **만드는 법**

1_ 마늘과 생강은 편으로 썰고 건고추는 가위로 어슷하게 자른다. 2_ 끓는 물에 메추리알을 넣고 7분 정도 삶아 껍질을 벗겨 둔다.

3_ 냄비에 물, 간장, 설탕, 마늘, 생강, 통후추, 건고추를 넣고 끓인다. 4_ 양념장이 끓으면 돼지고기를 넣고 20분 정도 끓인다.

5_ 고기가 익으면 메추리알을 넣고 간이 배도록 2~3분 정도 더 끓인다.

6_ 저장용기에 간장과 모든 재료를 넣어두고 먹을 때마다 찢어서 먹도록 한다.

● Nguyên liệu (재 료)

Thịt lợn thăn 300g, Trứng cút 8 quả,
Nước tương 2/3 cốc, Đường 2 thìa lớn,
Tỏi 2 tép, Gừng 1/4 củ, Tiêu hạt 5 hạt,
Ớt khô 1 quả, Nước 2 cốc

돼지안심 300g, 메추리알 8 개,
간장 2/3 컵, 설탕 2 큰술,
마늘 2 쪽, 생강 1/4 쪽,
통후추 5 알, 건고추 1 개,
물 2 컵

● Cách chế biến món ăn

1_ Tỏi và gừng xắt lát, ớt khô dùng kéo xắt xéo.

2_ Bỏ trứng cút vào nước sôi, luộc khoảng 7 phút thì vớt ra lột vỏ.

3_ Cho nước, nước tương, đường, tỏi, gừng, tiêu hạt, ớt khô vào nồi và đun lên. **(a)**

4_ Khi hỗn hợp gia vị sôi thì cho thịt lợn vào đun thêm khoảng 20 phút. **(b)**

5_ Nếu thịt chín thì cho trứng cút vào và nấu khoảng 2~3 phút để gia vị thấm vào. **(c)**

6_ Cho thêm nước tương và một số phụ liệu vào, đựng trong hộp nhựa cất trong
tủ lạnh, khi nào ăn thì vớt ra. **(d)**

● Tip

– Ngoài thịt heo còn có thể sử dụng thịt bò hoặc ức gà.

– Khi kho thịt cần cho tỏi, gừng, tiêu, ớt... vào để khử mùi hôi của thịt. (có thể dùng rượu soju hoặc rượi gạo trong)

– Nên xé nhỏ thịt kho ra ăn sẽ ngon hơn là dùng dao cắt, phải ngâm thịt kho bằng nước tương và bảo quản trong tủ lạnh ăn trong 1 tuần.

– 돼지고기 외에 쇠고기나 닭가슴살을 이용해도 좋다.

– 고기를 조리할 때 마늘, 생강, 후추, 고추 등을 넣으면 고기의 잡냄새를 제거하는데 좋다.(소주나 청주를 사용하기도 한다)

– 조리된 장조림은 칼로 써는 것보다 절대로 찢어서 먹도록 하고, 냉장고에서 일주일 정도 보관이 가능하므로 간장에 잠기게 보관하도록 한다.

갈치조림 | Cá hố kho

● 만드는 법

1_ 무와 감자는 큼직하게 썰고 양파는 채썬다.   2_ 대파와 풋고추는 어슷썰고 마늘은 곱게 다진다.

3_ 다진 마늘, 고춧가루, 고추장, 간장, 설탕, 물엿을 잘 섞어 양념을 만든다.   4_ 냄비에 무와 감자를 깔고 갈치를 올린다.

5_ 갈치 위에 양파를 올리고 양념장을 뿌린다.   6_ 무와 감자가 잠기도록 물을 붓고 2~30분 정도 끓인다.

7_ 마지막으로 어슷 썬 대파와 풋고추를 올린다.

Cá hố 1 con, Củ cải trắng 1/5 củ,
Khoai tây 1 củ, Hành tây nửa củ,
Hành ba-rô 1 nhánh, Ớt xanh 1 quả,
Tỏi 2 tép, Ớt bột 2 thìa lớn,
Tương ớt 1 thìa nhỏ,
Nước tương 2 thìa nhỏ,
Đường nửa thìa nhỏ,
Nước kẹo mạch nha 1 thìa nhỏ,
Nước 2 cốc

갈치 1 마리, 무 1/5 개,
감자 1 개, 양파 1/2 개,
대파 1 대, 풋고추 1 개,
마늘 2 쪽, 고춧가루 2 큰술,
고추장 1 작은술, 간장 2 작은술,
설탕 1/2 작은술, 물엿 1 작은술,
물 2 컵

● Cách chế biến món ăn

1_ Củ cải và khoai tây xắt lớn, hành tây xắt sợi. **(a)**

2_ Hành ba-rô và ớt xanh xắt xéo, băm tỏi nhỏ.

3_ Trộn đều hỗn hợp gia vị gồm tỏi băm, ớt bột, tương ớt, nước tương, đường, nước kẹo mạch nha. **(b)**

4_ Cho củ cải và khoai tây vào nồi rồi cho cá hồi vào. **(c)**

5_ Đặt hành tây lên trên cá hồi và tưới hỗn hợp gia vị.

6_ Cho nước sâm sấp mặt củ cải và khoai tây và đun sôi từ 20~30 phút.

7_ Cuối cùng rải ớt xanh và hành ba-rô xắt xéo lên trên. **(d)**

● Tip

– Trong trường hợp kho cá thu, cá thu đao thì cũng được chế biến bằng cách thức tương tự.

– 고등어, 꽁치 조림의 경우도 갈치조림과 같은 방법으로 만들 수 있다.

닭볶음탕 | Lẩu gà

● 만드는 법

1_ 닭은 먹기 좋은 크기로 자른다.   2_ 감자, 양파는 껍질을 벗기고 한입 크기로 썬다.

3_ 파, 마늘은 곱게 다진다.   4_ 끓는 물에 닭을 5~10분 정도 데쳐 불순물을 제거한다.

5_ 다진 파, 다진 마늘, 고추장, 고춧가루, 간장, 설탕, 물엿, 참기름을 섞어 양념장을 만든다.

6_ 냄비에 데친 닭, 감자, 물, 양념장을 넣어 20~25분 정도 끓인다.   7_ 닭이 다 익으면 양파를 넣고 5분 정도 더 끓인다.

● Nguyên liệu (재 료)

Gà 1 con, Khoai tây 2 củ,
Hành tây 1 củ, Nước 2 cốc,
Hành ba-rô 1 nhánh, Tỏi 4 tép,
Tương ớt 2 thìa lớn, Ớt bột 2 thìa nhỏ,
Nước tương 1 thìa nhỏ,
Đường 1 thìa nhỏ,
Nước kẹo mạch nha 1 thìa lớn,
Dầu vừng nửa thìa nhỏ

닭 1 마리, 감자 2 개,
양파 1 개, 물 2 컵,
대파 1 대, 마늘 4 쪽,
고추장 2 큰술, 고춧가루 2 작은술,
간장 1 작은술, 설탕 1 작은술,
물엿 1 큰술, 참기름 1/2 작은술

● Cách chế biến món ăn

1_ Gà cắt miếng vừa ăn.

2_ Khoai tây, hành tây lột vỏ và xắt miếng vừa miệng. **(a)**

3_ Băm nhỏ hành, tỏi.

4_ Luộc gà trong nước sôi khoảng 5~10 phút để loại bỏ tạp chất. **(b)**

5_ Trộn hỗn hợp gia vị gồm hành băm, tỏi băm, tương ớt, ớt bột, đường, nước kẹo mạch nha, dầu vừng.

6_ Cho gà đã luộc, khoai tây, nước và hỗn hợp gia vị vào nồi nấu khoảng 20~25 phút. **(c)**

7_ Thịt gà chín hẳn thì cho hành tây vào rồi tiếp tục nấu trong khoảng 5 phút. **(d)**

불고기 | Thịt bul-go-gi xào

● 만드는 법

1_ 양파는 굵게 채 썰고 당근은 편으로 썰고 팽이버섯은 밑동을 제거하고 떼어 놓는다.   2_ 대파와 마늘은 곱게 다진다.

3_ 다진 파, 다진 마늘, 간장, 설탕, 물엿, 깨소금, 참기름을 섞어 양념장을 만든다.

4_ 쇠고기, 양파, 당근, 양념장을 잘 섞어 30분 정도 재운다.   5_ 팬에 재운 고기와 물을 붓고 볶듯이 끓인다.

6_ 다 익으면 마지막에 팽이버섯을 넣어 마무리 한다.

● Nguyên liệu (재 료)

Thịt bò dùng để nướng theo kiểu bul-go-gi 400g,
Hành tây nửa củ, Cà rốt 1/4 củ,
Nấm kim châm nửa bọc,
Hành ba-rô 1 nhánh, Tỏi 3 tép,
Nước tương 5 thìa lớn,
Đường 1 thìa lớn,
Nước kẹo mạch nha 1 thìa lớn,
Muối vừng nửa thìa nhỏ,
Dầu vừng nửa thìa nhỏ, Nước 1 cốc

불고기용 쇠고기 400g, 양파 1/2 개,
당근 1/4 개, 팽이버섯 1/2 봉지,
대파 1 대, 마늘 3 쪽,
간장 5 큰술, 설탕 1 큰술,
물엿 1 큰술, 깨소금 1/2 작은술,
참기름 1/2 작은술, 물 1 컵

● Cách chế biến món ăn

1_ Hành tây xắt miếng dày, cà rốt xắt lát, nấm kim châm bỏ gốc và xé nhỏ ra. **(a, b)**

2_ Tỏi, hành băm nhuyễn.

3_ Trộn hỗn hợp gia vị gồm hành băm, tỏi băm, nước tương, đường, nước kẹo mạch nha, muối vừng, dầu vừng. **(c)**

4_ Trộn đều thịt bò, hành tây, cà rốt với hỗn hợp gia vị rồi để ướp khoảng 30 phút.

5_ Đổ nước vào thịt ướp và nấu như xào. **(d)**

6_ Khi mọi thứ đã chín thì cho nấm kim châm vào hoàn thành khâu chế biến.

잡채 | Miến xào

● 만드는 법

1_ 당면은 물에 불린다.　　2_ 시금치는 뿌리를 제거하고 끓는 물에 데친 뒤 물기를 꼭 짜고 다진 마늘, 소금, 참기름으로 양념한다.

3_ 돼지등심은 채 썰어 간장, 설탕, 다진 마늘로 양념한 뒤 볶는다.　　4_ 표고는 얇게 썰고, 당근과 양파는 채 썬 후 각각 볶는다.

5_ 계란은 노른자와 흰자를 분리하여 지단을 부친다.　　6_ 끓는 물에 불린 당면을 넣고 5분 정도 삶는다.

7_ 간장, 설탕, 참기름을 섞어 잡채 양념을 만든다.　　8_ 삶아진 당면은 체에 받쳐 물기를 제거한다.

9_ 팬에 기름을 살짝 두르고 당면과 양념을 넣어 볶는다.　　10. 양념이 잘 섞이면 돼지고기, 시금치, 표고, 당근, 양파, 계란 지단을 넣어 섞는다.

Miến 250g, Thịt lưng lợn 100g,
Rau bi-na 1/3 bó, Nấm hương 3 bông,
Cà rốt 1/3 củ, Hành tây 1 củ,
Trứng 2 quả

▶ **Gia vị rau bi-na**

Tỏi băm 1 thìa nhỏ, Muối nửa thìa nhỏ,
Dầu vừng nửa thìa nhỏ

▶ **Gia vị thịt**

Nước tương 2 thìa nhỏ,
Đường nửa thìa nhỏ, Tỏi băm 1 thìa nhỏ

▶ **Gia vị miến xào**

Nước tương 3 thìa lớn,
Đường nửa thìa lớn,
Dầu vừng 1 thìa nhỏ

당면 250g, 돼지등심 100g,
시금치 1/3 단, 표고버섯 3 개,
당근 1/3 개, 양파 1 개,
계란 2 개

▶시금치 양념
다진 마늘 1 작은술, 소금 1/2 작은술,
참기름 1/2 작은술

▶고기 양념
간장 2 작은술, 설탕 1/2 작은술,
다진 마늘 1 작은술

▶잡채 양념
간장 3 큰술, 설탕 1/2 큰술,
참기름 1 작은술

● Cách chế biến món ăn

1_ Miến ngâm trong nước cho nở ra.

2_ Rau bina bỏ gốc và trụng sơ nước sôi, sau đó vắt sạch nước rồi trộn gia vị bằng tỏi băm, muối, dầu vừng. **(a)**

3_ Thịt lưng lợn cắt dọc, trộn gia vị bằng nước tương, đường, tỏi băm sau đó xào lên.

4_ Nấm hương xắt mỏng, cà rốt và hành tây xắt sợi rồi xào riêng ra. **(b)**

5_ Trứng tách tròng trắng và tròng đỏ ra rồi chiên.

6_ Bỏ miến ngâm nước vào nước sôi trụng khoảng 5 phút. **(c)**

7_ Trộn nước tương, đường, dầu mè làm gia vị miến xào.

8_ Miến trụng xong dùng rây đựng cho ráo nước.

9_ Tráng ít dầu ăn vào chảo và bỏ gia vị vào miếng xào lên.

10_ Khi gia vị đã hoà tan thì cho trứng chiên thái mỏng, hành tây, cà rốt, nấm hương, rau bina, thịt lợn vào trộn đều. **(d)**

● Tip

– Vì mỗi nguyên liệu đã có vị mặn sẵn nên để miến trụng nhạt.

– 각각의 재료에 간이 된 상태이므로 당면에 간을 싱겁게 하는 것이 좋다.

탕평채 | Tang-pyung-chae

● 만드는 법

1_ 청포묵은 0.5×0.5×6cm 크기로 채썰어 끓는 물에 투명해질 때까지 데친다.　2_ 미나리는 6cm 길이로 썰어 데치고 숙주도 데친다.

3_ 쇠고기는 청포묵 크기로 채 썰어 간장, 설탕, 다진 마늘로 양념한 후 볶는다.

4_ 계란은 노른자와 흰자로 나누어 지단을 부친 후 청포묵과 같은 길이로 채 썬다.

5_ 간장, 식초, 설탕, 다진 파, 다진 마늘, 깨소금, 참기름을 섞어 양념장을 만든다.　6_ 준비한 재료에 양념장을 넣어 섞는다.

Bánh đúc (làm từ bột đậu xanh) 1
miếng, Thịt bò 100g, Rau cần 4 cây,
Giá đậu xanh 100g, Trứng 1 quả

▶ **Gia vị thịt**

Nước tương 2 thìa nhỏ,
Đường nửa thìa nhỏ,
Tỏi băm nửa thìa nhỏ

▶ **Gia vị tang-pyung-chae**

Nước tương 1 thìa lớn,
Giấm 1 thìa nhỏ, Đường 1 thìa nhỏ,
Hành lá băm 1 thìa nhỏ,
Tỏi băm nửa thìa nhỏ,
Muối vừng nửa thìa nhỏ,
Dầu vừng 1 thìa nhỏ

청포묵 1 모, 쇠고기 100g,
미나리 4 줄기, 숙주 100g,
계란 1 개

▶**고기 양념**

간장 2 작은술, 설탕 1/2 작은술,
다진마늘 1/2 작은술

▶**탕평채 양념**

간장 1 큰술, 식초 1 작은술,
설탕 1 작은술, 다진 파 l 작은술,
다진 마늘 1/2 작은술,
깨소금 1/2 작은술, 참기름 1 작은술

● Cách chế biến món ăn

1_ Bánh đúc xắt miếng 0.5x0.5x6cm, trụng nước sôi cho trắng ra. **(a)**

2_ Rau cần xắt dài 6cm, trụng sơ cùng giá đậu xanh. **(b)**

3_ Thịt bò xắt miếng bằng với bánh đúc, nêm nước tương, đường, tỏi băm rồi xào lên. **(c)**

4_ Tách riêng lòng đỏ và lòng trắng trứng rồi chiên lên, xắt sợi dài bằng bánh đúc. **(d)**

5_ Trộn hỗn hợp gia vị gồm nước tương, giấm, đường, hành băm, tỏi băm, muối
vừng, dầu vừng.

6_ Cho hỗn hợp gia vị vào nguyên liệu đã chuẩn bị sẵn và trộn đều.

취나물 | Rau chwi-na-mul

● **만드는 법**

1_ 취나물의 억센 줄기를 제거한 후 깨끗하게 헹군다.
2_ 끓는 물에 소금을 넣고 취나물을 데친 후 찬물에 식힌다.
3_ 마늘을 곱게 다진다.
4_ 데친 취나물의 물기를 꼭 짠 후 다진 마늘, 소금, 참기름, 깨소금을 넣어 무친다.

Rau chwi-na-mul 200g, Tỏi 4 tép,
Muối 1 thìa nhỏ,
Dầu vừng nửa thìa nhỏ,
1 ít muối vừng

취나물 200g, 마늘 4 쪽,
소금 1 작은술, 참기름 1/2 작은술,
깨소금 약간

● Cách chế biến món ăn

1_ Loại bỏ cuống rau chwi-na-mul, ngâm nước cho sạch. **(a)**

2_ Cho muối vào nước sôi rồi trụng rau vào, sau đó làm nguội bằng nước lạnh. **(b)**

3_ Tỏi băm nhỏ. **(c)**

4_ Để rau ráo nước và trộn đều với tỏi băm, muối, dầu vừng, muối vừng. **(d)**

무나물 | Rau củ cải trắng

● 만드는 법

1_ 물에 멸치, 다시마를 넣고 20분 정도 끓여 육수를 끓인다.　2_ 무는 껍질을 벗기고 채 썬다.

3_ 마늘은 곱게 다진다.　4_ 팬에 기름을 두르고 마늘을 볶다가 채 썬 무를 넣어 볶는다.

5_ 끓여 둔 육수를 자작하게 부어 뚜껑을 덮고 끓인다.　6_ 육수가 다 졸아들 때마다 조금씩 육수를 더 붓는다.

7_ 무가 다 익으면 소금으로 간을 한다.

● Nguyên liệu (재 료)

Củ cải trắng 400g, Tỏi 2 tép,
1 ít muối, Dầu ăn 1 thìa lớn

▶**Nước súp**

Cá cơm 4 con, Tảo bẹ (5×5cm) 1 miếng,
Nước 2 cốc

무 400g, 마늘 2 쪽,
소금 약간, 식용유 1 큰술

▶**육수**

멸치 4 마리, 다시마(5×5cm) 1 개,
물 2 컵

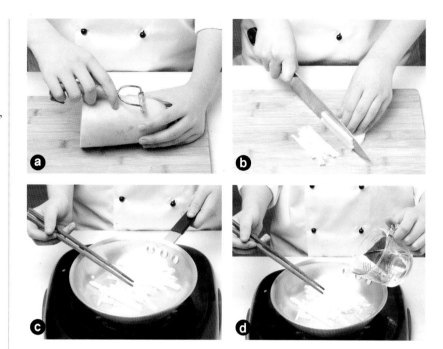

● Cách chế biến món ăn

1_ Cho cá cơm, tảo bẹ vào nước nấu khoảng 20 phút để làm nước súp.

2_ Củ cải gọt vỏ, xắt thành sợi. **(a, b)**

3_ Tỏi băm nhỏ.

4_ Tráng dầu vào chảo, cho tỏi băm vào đảo trộn đều, cho củ cải vào xào lên. **(c)**

5_ Đổ nước súp vào, đậy nắp lại và nấu tiếp. **(d)**

6_ Khi nước súp cạn thì cứ tiếp tục cho từng chút nước súp vào và đun tiếp.

7_ Nếu củ cải đã chín thì bắt đầu nêm muối.

● Tip

– Dùng thìa gỗ lớn xắn củ cải nếu dễ xắn thì đã chín.

– 나무주걱으로 무를 눌렀을 때 쉽게 잘릴 정도로 익힌다.

고사리나물 | Rau dương xỉ

● 만드는 법

1_ 마른 고사리를 뜨거운 물에 넣어 1~2시간 불린다.   2_ 불린 고사리를 끓는 물에 넣어 부드러워질 때까지 삶는다.

3_ 대파는 반 갈라 송송 썰고, 마늘은 곱게 다진다.   4_ 삶은 고사리를 7~8cm 길이로 썬다.

5_ 팬에 기름을 두르고 마늘을 볶다가 썰어 둔 고사리를 넣어 볶는다.   6_ 육수를 자작하게 부어 뚜껑을 덮고 끓인다.

7_ 육수가 다 졸아들 때마다 조금씩 육수를 더 붓는다.   8_ 고사리가 다 익으면 국간장, 소금, 참기름으로 간을 한다.

Dương xỉ khô 80g,
Hành ba-rô nửa nhánh, Tỏi 2 tép,
Nước tương dùng để nấu canh 2 thìa nhỏ,
Muối nửa thìa nhỏ,
Dầu vừng 1 thìa nhỏ,
Nước súp tảo bẹ cá cơm 2 cốc

건고사리 80g, 대파 1/2 대,
마늘 2 쪽, 국간장 2 작은술,
소금 1/2 작은술, 참기름 1 작은술,
멸치 다시마 육수 2 컵

● Cách chế biến món ăn

1_ Cho dương xỉ khô vào nước nóng ngâm từ 1~2 tiếng.

2_ Cho dương xỉ đã ngâm vào nước sôi nấu cho đến khi mềm. **(a)**

3_ Hành ba-rô cắt đôi rồi xắt đốt, tỏi băm nhuyễn.

4_ Dương xỉ đã nấu mềm xắt theo chiều dài 7~8cm. **(b)**

5_ Tráng dầu vào chảo, cho tỏi vào trộn đều rồi cho dương xỉ vào xào lên. **(c)**

6_ Đổ một ít nước súp vào, đậy nắp lại và nấu chín.

7_ Khi nước súp cạn thì cứ tiếp tục đổ thêm vào từng chút. **(d)**

8_ Khi dương xỉ chín hẳn thì nêm nước tương canh, muối, dầu vừng vào.

가지나물 | Rau cà tím

● **만드는 법**

1_ 가지는 꼭지를 떼고 찜통에 찐다.

2_ 찐 가지는 길이로 2등분 한 후 결대로 찢는다.

3_ 풋고추는 송송 썰고, 대파와 마늘은 곱게 다진다.

4_ 가지에 풋고추, 다진 파, 다진 마늘, 소금, 설탕, 고춧가루, 깨소금, 참기름을 넣어 무친다.

● Nguyên liệu (재 료)

Cà tím 2 quả, Ớt xanh 1 quả,
Hành ba-rô 1/4 nhánh, Tỏi 3 tép,
Muối nửa thìa nhỏ, Đường 1/4 thìa nhỏ,
Ớt bột 1 thìa nhỏ,
Muối vừng nửa thìa nhỏ,
Dầu vừng nửa thìa nhỏ

가지 2 개, 풋고추 1 개,
대파 1/4 대, 마늘 3 쪽,
소금 1/2 작은술, 설탕 1/4 작은술,
고춧가루 1 작은술,
깨소금 1/2 작은술,
참기름 1/2 작은술

● Cách chế biến món ăn

1_ Cà tím bỏ cuống, hấp trong nồi hấp. **(a)**

2_ Cà tím hấp cắt làm 2 phần, tước ra từng múi. **(b)**

3_ Ớt xanh xắt đốt, hành ba-rô và tỏi băm nhuyễn. **(c)**

4_ Cho ớt xanh, hành băm, tỏi băm, muối, đường, ớt bột, muối vừng, dầu vừng vào
cà dả tước ra bóp trộn đều. **(d)**

● Tip

– Có thể dùng đũa hoặc vật nhọn để tước cà sẽ dễ dàng hơn.

– 가지를 찢을 때 젓가락이나 뾰족한 도구를 이용하면 편리하다.

콩나물 | Rau giá đậu nành

● 만드는 법

1_ 콩나물은 꼬리를 뗀다.
2_ 실파는 송송 썰고, 마늘은 곱게 다진다.
3_ 끓는 물에 콩나물을 삶아 찬물에 식힌 뒤 물기를 꼭 짠다.
4_ 콩나물에 썰어둔 실파와 다진 마늘을 넣고 소금, 참기름을 넣어 무친다.

Giá đậu nành 200g, Hành lá 2 cọng,
Tỏi 2 tép, Muối 2 thìa nhỏ,
Dầu vừng 1 thìa nhỏ

콩나물 200g, 실파 2 줄기,
마늘 2 쪽, 소금 2 작은술,
참기름 1 작은술

● Cách chế biến món ăn

1_ Giá đậu cắt bỏ đuôi. **(a)**

2_ Hành lá xắt đốt, tỏi băm nhuyễn. **(b)**

3_ Cho giá vào nước sôi để luộc rồi làm nguội bằng nước lạnh sau đó làm ráo nước. **(c)**

4_ Cho tỏi băm và hành xắt vào giá đậu và bóp trộn với muối và dầu vừng. **(d)**

● Tip

– Rắc một ít bột ớt vào bóp trộn đều lên thì thức ăn sẽ ngon hơn.

– 고춧가루를 조금 넣어 무쳐도 맛있다.

시금치나물 | Rau bi-na

● 만드는 법

1_ 시금치의 뿌리를 제거한 후 깨끗하게 헹군다.

2_ 끓는 물에 소금을 넣고 시금치를 데친 후 찬물에 식힌다.

3_ 대파와 마늘을 곱게 다진다.

4_ 데친 시금치의 물기를 꼭 짠 후 다진 파, 다진 마늘, 국간장, 소금, 참기름, 깨소금을 넣어 무친다.

● Nguyên liệu (재 료)

Rau bi-na 250g,

Hành ba-rô nửa nhánh, Tỏi 3 tép,

Nước tương canh 1 thìa nhỏ,

Muối 1/3 thìa nhỏ,

Dầu vừng nửa thìa nhỏ, 1 ít muối vừng

시금치 250g, 대파 1/2 대,

마늘 3 쪽, 국간장 1 작은술,

소금 1/3 작은술, 참기름 1/2 작은술,

깨소금 약간

● Cách chế biến món ăn

1_ Rau bi-na cắt gốc bỏ, ngâm nước cho sạch. **(a)**

2_ Cho muối vào nước sôi, luộc rau chín rồi làm nguội bằng nước lạnh. **(b)**

3_ Băm hành và tỏi nhuyễn. **(c)**

4_ Sau khi làm ráo nước rau bi-na chín thì cho hành băm, tỏi băm, nước tương canh, muối, dầu vừng, muối vừng vào bóp trộn đều lên. **(d)**

● Tip

– Không nên cắt khúc rau bi-na mà phải tước ra từ phần gốc lên để chế biến.

– Nếu lá cây lớn có thể cắt ra làm 2 để dùng.

– 시금치는 한입씩 분리하는 것이 아니라 뿌리 쪽이 붙어있는 상태로 칼집을 넣어 찢어 사용한다.

– 잎이 큰 경우는 이등분해서 사용한다.

달걀찜 | Trứng hấp

● 만드는 법

1_ 실파는 송송 썰고 당근은 곱게 다진다.   2_ 표고는 기둥을 떼고 얇게 썬다.

3_ 계란을 풀고 육수를 섞은 뒤 체에 거른다.

4_ 3에 썰어 둔 실파, 당근, 표고버섯, 새우젓을 넣어 섞은 뒤 그릇에 담는다.

5_ 끓는 물에 넣고 뚜껑을 덮어 중탕으로 15분간 익힌다.

● Nguyên liệu (재 료)

Trứng 4 quả,
Nước súp tảo bẹ cá cơm 1 cốc,
Hành lá 2 nhánh, Cà rốt 10g,
Nấm hương 1 bông,
Tôm muối 1 thìa nhỏ

계란 4 개, 멸치 다시마 육수 1 컵,
실파 2 줄기, 당근 10g,
표고버섯 1 개, 새우젓 1 작은술

● Cách chế biến món ăn

1_ Hành lá xắt đốt, cà rốt băm nhuyễn. **(a)**

2_ Nấm hương bỏ cuống, xắt mỏng.

3_ Đập trứng rồi khuấy với nước súp sau đó lọc qua rây. **(b)**

4_ Cho hành lá, cà rốt, nấm hương, tôm muối đã chuẩn bị sẵn vào trộn đều rồi cho ra bát. **(c)**

5_ Cho vào nước sôi, đậy nắp hấp gián tiếp khoảng 15 phút. **(d)**

● Tip

– Hấp gián tiếp tức là cách làm chín bát thức ăn bằng hơi nước khi cho vào trong nước đun sôi, chứ lửa không trực tiếp toả nhiệt vào bát.

– Lý do lọc trứng đánh qua rây chính là để loại bỏ màng trứng làm cho trứng mềm mịn hơn.

– 중탕이란 그릇에 직접 열을 가하지 않고 끓는 물에 넣어 증기로 익히는 것을 말한다.

– 계란을 풀어 체에 거르는 이유는 알끈을 제거해서 조직을 더 부드럽게 만들기 위함이다.

돼지갈비찜 | Sườn lợn kho

● **만드는 법**

1_ 돼지갈비는 찬물에 2~3시간 정도 담가 핏물을 제거한다.　2_ 마늘과 생강은 편으로 얇게 썬다.

3_ 무와 당근, 양파는 한입 크기로 썬다.　4_ 물에 마늘, 생강, 통후추를 넣어 끓인 뒤 돼지갈비를 살짝 데쳐 불순물을 제거한다.

5_ 간장, 설탕, 물엿, 다진 파, 다진 마늘, 깨소금, 참기름을 섞어 양념장을 만든다.

6_ 냄비에 데친 돼지갈비와 무, 당근, 양파, 양념장을 넣고 잘 섞은 뒤 10분 정도 재운다.

7_ 재워 둔 돼지갈비에 물 2컵을 부어 40~50분 정도 끓인다.

● Nguyên liệu (재 료)

Sườn lợn 800g, Tỏi 2 tép,
Gừng 1/3 củ, Tiêu hạt 5 hạt,
Củ cải trắng 1/4 củ, Cà rốt nửa củ,
Hành tây 1 củ

▶ **Gia vị sườn hấp**

Nước tương nửa cốc, Đường 2 thìa lớn,
Nước kẹo mạch nha 1 thìa lớn,
Hành băm 2 thìa lớn, Tỏi băm 1 thìa lớn,
Muối vừng 1 thìa nhỏ,
Dầu vừng 1 thìa nhỏ

돼지갈비 800g, 마늘 2 쪽,
생강 1/3 개, 통후추 5 알,
무 1/4 개, 당근 1/2 개,
양파 1 개

▶ 갈비찜 양념

간장 1/2 컵, 설탕 2 큰술,
물엿 1 큰술, 다진 파 2 큰술,
다진 마늘 1 큰술, 깨소금 1 작은술,
참기름 1 작은술

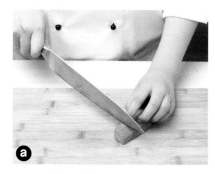

● Cách chế biến món ăn

1_ Sườn lợn ngâm trong nước lạnh khoảng từ 2~3 tiếng để loại bỏ nước tiết.

2_ Tỏi và gừng xắt lát mỏng.

3_ Củ cải trắng, cà rốt, hành tây xắt cỡ vừa ăn. **(a)**

4_ Cho tỏi, gừng, tiêu hạt vào nước đun sôi, sau đó luộc sơ sườn lợn để loại bỏ tạp chất. **(b)**

5_ Trộn hỗn hợp gia vị gồm nước tương, đường, nước kẹo mạch nha, hành băm, tỏi băm, muối vừng, dầu vừng. **(c)**

6_ Cho sườn lợn đã luộc sơ, củ cải, cà rốt, hành tây, hỗn hợp gia vị vào nồi trộn đều sau đó để cho thấm trong khoảng 10 phút. **(d)**

7_ Đổ 2 cốc nước vào sườn lợn đã thấm rồi nấu chín trong khoảng 40~50 phút.

● Tip

– Sườn bò kho cũng được thực hiện theo cách tương tự.

– Để gia vị có thể thấm vào bên trong thì nên nấu chín với lửa liu riu.

– 소갈비찜도 같은 방법으로 만들 수 있다.

– 양념이 안까지 밸 수 있도록 중불에서 은근히 끓이는 것이 좋다.

김치전 | Kimchi rán bột

● 만드는 법

1_ 묵은 배추김치를 먹기 좋은 크기로 송송 썬다.　2_ 돼지 등심은 잘게 썰어 둔다.

3_ 그릇에 배추김치, 돼지등심, 김치국물, 밀가루를 넣어 골고루 섞는다.

4_ 물을 조금씩 넣어가며 김치가 서로 뭉치도록 되직하게 농도를 맞춘다.

5_ 팬에 기름을 두르고 반죽을 넣어 부친다.

● Nguyên liệu (재 료)

Kimchi cải bắp 1/4 bẹ,
Thịt lợn thăn 100g,
Nước kimchi 2 thìa lớn,
Bột mì 3 thìa lớn, Nước lượng vừa đủ,
Muối lượng vừa đủ,
Dầu ăn lượng vừa đủ

묵은 배추김치 1/4 포기,
돼지등심 100g, 김치국물 2 큰술,
밀가루 3 큰술, 물 적당량,
소금 적당량, 식용유 적당량

● Cách chế biến món ăn

1_ Kimchi xắt khúc vừa ăn. **(a)**

2_ Xắt nhỏ thịt lợn để sẵn. **(b)**

3_ Cho kimchi, thịt lợn, nước kimchi, bột mì vào bát trộn đều. **(c)**

4_ Cho từng chút nước một vào, ước lượng vừa đủ cho kimchi được kết dính với nhau.

5_ Tráng dầu ăn vào chảo, nhào nặn và bỏ vào chảo chiên. **(d)**

생선전 | Cá rán bột

● **만드는 법**

1_ 동태포가 살짝 얼어 있을 때 도톰하게 포를 뜬다.　2_ 소금, 후추를 뿌려 밑간을 한다.

3_ 실파는 송송 썰어 계란과 함께 섞는다.　4_ 간이 밴 동태포의 물기를 제거하고 밀가루를 살짝 묻힌다.

5_ 밀가루 묻힌 동태포를 계란물에 묻힌다.　6_ 팬에 기름을 두르고 노릇하게 부친다.

● Nguyên liệu (재 료)

Cá pô-lắc đông lạnh 200g,
Muối 1 thìa nhỏ, Tiêu 1/4 thìa nhỏ,
Bột mì 3 thìa lớn, Trứng 2 quả,
Hành lá 2 cọng, Dầu ăn lượng vừa đủ

동태포 200g, 소금 1 작은술,
후추 1/4 작은술, 밀가루 3 큰술,
계란 2 개, 실파 2 줄기,
식용유 적당량

● Cách chế biến món ăn

1_ Cắt cá pô-lắc hơi đông thành miếng vừa ăn. **(a)**

2_ Ướp cá bằng muối và tiêu. **(b)**

3_ Hành xắt đốt trộn đều với trứng.

4_ Làm ráo cá đã ướp, cho vào bột mì.

5_ Cá sau khi lăn bột nhúng vào nước trứng. **(c)**

6_ Rán trong chảo tráng dầu đến khi vàng. **(d)**

● Tip

– Có thể chế biến tương sự với một số cá cùng loại khác như: dae-gu-po, myung-tae-po thay cho cá pô-lắc đông lạnh. (dong-tae-po)

– 동태포 외에 대구포나 명태포를 이용하는 것도 좋다.

호박전 | Bí rán bột

● 만드는 법

1_ 애호박은 0.7cm 두께로 썰어 소금을 살짝 뿌려둔다.

2_ 계란은 흰자와 노른자가 완전히 섞이도록 잘 풀어 둔다.

3_ 애호박의 물기를 제거하고 밀가루, 계란물의 순서대로 묻힌다.

4_ 팬에 기름을 두르고 호박전을 부친다.

Bí xanh 1 quả, Muối nửa thìa nhỏ,
Bột mì 2 thìa lớn, Trứng 1 quả,
Dầu ăn lượng vừa đủ

애호박 1 개, 소금 1/2 작은술,
밀가루 2 큰술, 계란 1 개,
식용유 적당량

● Cách chế biến món ăn

1_ Bí xanh xắt dày 0.7cm, ướp một ít muối. **(a, b)**

2_ Đánh tan lòng đỏ và lòng trắng trứng.

3_ Làm ráo bí, lần lượt nhúng vào bột mì và trứng. **(c)**

4_ Tráng dầu vào chảo rồi chiên **(d)**

● Tip

– Đối với món rau củ chiên xào với dầu thì nên theo tỉ lệ nguyên liệu nước tương 1 : giấm 1 : nước 1.

– 기름에 구운 야채요리에는 초간장(간장 1 : 식초 1 : 물 1)을 곁들여 내면 좋다.

고기전 | Thịt rán

● **만드는 법**

1_ 양파는 곱게 다지고 두부는 곱게 으깨 물기를 제거한다.   2_ 쇠고기에 다진 양파, 으깬 두부, 계란을 넣고 섞는다.

3_ 소금, 후추로 간을 한 후 끈기가 생기도록 주무른다.

4_ 한입 크기로 떼어 동그랗게 모양을 빚는다.

5_ 팬에 기름을 두르고 노릇하게 부친다.

● Nguyên liệu (재 료)

Thịt bò lăn bột 400g, Hành tây nửa củ,
Đậu hủ 1/8 miếng, Trứng 1/4 quả,
Muối 1 thìa nhỏ, Tiêu 1/3 thìa nhỏ,
Dầu ăn lượng vừa đủ

쇠고기 갈은 것 400g,
양파 1/2 개, 두부 1/8 모,
계란 1/4 개, 소금 1 작은술,
후추 1/3 작은술, 식용유 적당량

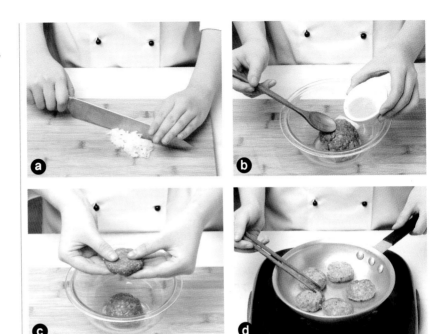

● Cách chế biến món ăn

1_ Băm hành tây nhỏ, nghiền đậu hủ rồi làm ráo nước. **(a)**

2_ Trộn thịt bò với hành tây, đậu hủ nghiền, trứng. **(b)**

3_ Nêm gia vị bằng muối và tiêu, nhào nặn tạo kết dính.

4_ Nặn hình tròn dẹp vừa miệng ăn. **(c)**

5_ Tráng dầu vào chảo rồi chiên vàng. **(d)**

● Tip

– Đối với thịt rán bột, có thể trang trí thêm ớt xanh, đỏ xắt xéo hoặc ngò tây lên bề mặt của món ăn.

– Khi chế biến món thịt giã rán bột, nếu càng nhào nặn thì gia vị càng thấm vào thịt, ăn rất ngon.

– 고기전을 부칠 때 쑥갓잎이나 어슷썬 청, 홍고추 등을 한쪽 면에 장식하고 굽기도 한다.

– 다진 고기로 전을 할 때 모든 재료와 양념을 넣고 오랫동안 주물러 주면 재료에 간이 잘 배고 씹는 맛도 좋아진다.

비빔국수 | Mì trộn

● 만드는 법

1_ 오이와 양파는 채 썰고 김치는 송송 썰어 참기름으로 무친다.   2_ 상추는 먹기 좋은 크기로 듬성듬성 썬다.

3_ 고추장, 고춧가루, 설탕, 식초, 다진 마늘, 깨소금, 참기름, 물을 섞어 양념장을 만든다.

4_ 끓는 물에 소금을 조금 넣고 소면을 삶는다.   5_ 면을 넣은 물이 끓어오르면 찬물을 한 컵 넣어 준다.

6_ 국수가 익으면 찬물에서 헹군 뒤 물기를 빼고 동그랗게 말아 놓는다.

7_ 그릇에 국수를 담고 오이, 김치, 상추, 양파를 올린 후 양념장을 뿌린다.

● Nguyên liệu (재 료)

Mỳ sợi nhỏ 250g, Dưa leo nửa quả,
Kimchi 1/5 gốc, Rau diếp 2 lá,
Hành tây nửa củ

▶**Hỗn hợp gia vị**

Tương ớt 4 thìa lớn, Ớt bột 1 thìa nhỏ,
Đường 1 thìa lớn, Giấm 1 thìa lớn,
Tỏi băm 1 thìa lớn, Muối vừng 1 thìa nhỏ,
Dầu vừng 1 thìa nhỏ, Nước 1 thìa lớn

소면 250g, 오이 1/2 개,
김치 1/5 포기, 상추 2 장,
양파 1/2 개

▶양념장

고추장 4 큰술, 고춧가루 1 작은술,
설탕 1 큰술, 식초 1 큰술,
다진 마늘 1 큰술, 깨소금 1 작은술,
참기름 1 작은술, 물 1 큰술

● Cách chế biến món ăn

1_ Dưa leo và hành tây xắt sợi, kim chi xắt khúc rồi tẩm dầu vừng. **(a)**

2_ Rau diếp xắt mỏng vừa ăn.

3_ Trộn hỗn hợp gia vị gồm tương ớt, ớt bột, đường, giấm, tỏi băm, muối vừng, dầu vừng và nước. **(b)**

4_ Cho ít muối vào nước sôi rồi luộc mì. **(c)**

5_ Khi nước luộc mì sôi lên thì cho thêm 1 cốc nước lạnh vào. **(d)**

6_ Mì chín rồi thì rửa với nước lạnh, để ráo, xoắn mì theo hình tròn.

7_ Cho mì vào bát và cho dưa leo, kimchi, rau diếp, hành tây lên trên, sau đó cho hỗn hợp gia vị vào.

● Tip

– Việc cho nước lạnh vào khi đang luộc mì và rửa qua nước lạnh khi mì đã chín sẽ giúp cho sợi mì ăn dai hơn.

– 국수를 끓이는 중간에 찬물을 넣어 주는 것과 익은 국수를 찬물에 헹궈 주는 것은 면발을 더 쫄깃하게 하기 위한 방법이다.

잔치국수 | Mì Jan-chi

● 만드는 법

1_ 물 6컵에 멸치, 다시마, 무를 넣고 끓여 육수를 만든다.   2_ 계란은 노른자, 흰자로 나누어 지단을 부친 후 채 썬다.
3_ 애호박은 채 썬 후 살짝 볶아 준비한다.   4_ 끓는 물에 소금을 넣고 소면을 삶는다.
5_ 간장, 고춧가루, 설탕, 다진 파, 다진 마늘, 깨소금, 참기름을 섞어 양념장을 만든다.
6_ 삶은 국수를 찬물에 헹군 뒤 물기를 빼고 동그랗게 말아 그릇에 담는다.
7_ 애호박, 계란지단을 국수 위에 올린 뒤 육수의 건더기를 걸러 붓는다.   8_ 양념장을 곁들여 낸다.

● Nguyên liệu (재 료)

Mì sợi nhỏ 200g, Bí xanh nửa quả,
Trứng 1 quả

▶ Nước súp

Cá cơm 5 con, Tảo bẹ (5×5cm) 1 miếng,
Củ cải trắng 1/16 củ, Nước 6 cốc

▶ Nước tương gia vị

Nước tương 2 thìa lớn,
Ớt bột 1 thìa nhỏ, Đường nửa thìa nhỏ,
Hành băm nửa thìa lớn,
Tỏi băm 1 thìa nhỏ,
Muối vừng nửa thìa nhỏ,
Dầu vừng nửa thìa nhỏ

소면 200g, 애호박 1/2 개,
계란 1 개

▶ 국물

멸치 5 마리, 다시마(5×5cm) 1 개,
무 1/16 개, 물 6 컵

▶ 양념간장

간장 2 큰술, 고춧가루 1 작은술,
설탕 1/2 작은술, 다진 파 1/2 큰술,
다진 마늘 1 작은술,
깨소금 1/2 작은술, 참기름 1/2 작은술

● Cách chế biến món ăn

1_ Cho cá cơm, tảo bẹ, củ cải trắng với 6 cốc nước vào đun sôi làm nước súp. **(a)**

2_ Trứng tách riêng tròng trắng và tròng đỏ, chiên lên và xắt thành sợi. **(b)**

3_ Bí xanh xắt sợi rồi xào sơ để đó. **(c)**

4_ Cho muối vào nước sôi rồi luộc mì.

5_ Trộn hỗn hợp gia vị gồm nước tương, ớt bột, đường, hành băm, tỏi băm, muối vừng, dầu vừng. **(d)**

6_ Mì vừa luộc rửa nước lạnh, để ráo và quấn lại thành hình tròn.

7_ Cho bí xanh, trứng xắt sợi lên trên mì rồi đổ nước súp vào.

8_ Cho hỗn hợp gia vị vào.

● Tip

– Do không nêm gia vị riêng vào mì nên nước súp cần được nêm hơi mặn một chút.

– Đây loại món ăn dùng với nước súp, nên so với món Mì trộn thì cần chế biến một lượng ít hơn cho 1 phần ăn.

– 소면에 따로 간을 하지 않기 때문에 국물은 약간 짭짤하게 간을 맞춘다.

– 국물과 함께 먹는 음식이기 때문에 비빔국수보단 1인분 양이 조금 적게 준비한다.

쫄면 | Mì khô

● 만드는 법

1_ 계란은 삶아 껍질을 까고 2등분 한다.   2_ 오이, 양파, 양배추, 상추는 채 썰고 콩나물은 데친다.

3_ 고추장, 식초, 설탕, 물엿, 사이다, 다진 마늘, 깨소금, 참기름을 섞어 양념장을 만든다.

4_ 끓는 물에 소금을 넣고 쫄면을 삶는다.   5_ 삶은 쫄면을 찬물에 헹구고 물을 빼 그릇에 담는다.

6_ 준비한 야채를 올리고 양념장을 뿌린다.

Mì khô 200g, Dưa leo nửa quả,
Giá đậu nành 100g, Rau diếp 3 lá,
Trứng 2 quả, Hành tây nửa củ,
Cải bắp 1/8 bắp

▶ **Tương gia vị**

Tương ớt 5 thìa lớn, Giấm 1 thìa lớn,
Đường 2 thìa nhỏ,
Nước kẹo mạch nha 1 thìa nhỏ,
Nước sô-đa 1 thìa lớn,
Tỏi băm nửa thìa lớn,
Muối vừng nửa thìa nhỏ,
Dầu vừng nửa thìa nhỏ

쫄면 200g, 오이 1/2 개,
콩나물 100g, 상추 3 장,
계란 2 개, 양파 1/2 개,
양배추 1/8 개

▶ **양념장**

고추장 5 큰술, 식초 1 큰술,
설탕 2 작은술, 물엿 1 작은술,
사이다 1 큰술, 다진 마늘 1/2 큰술,
깨소금 1/2 작은술, 참기름 1/2 작은술

● Cách chế biến món ăn

1_ Trứng luộc, bỏ vỏ, chia làm 2 phần bằng nhau.

2_ Dưa leo, hành tây, cải bắp, rau diếp xắt sợi , luộc sơ giá. **(a, b)**

3_ Làm hỗn hợp gia vị từ tương ớt, giấm, đường, nước kẹo mạch nha, nước sô-đa, tỏi băm, muối vừng, dầu vừng trộn đều. **(c)**

4_ Cho muối vào nước sôi, cho mì vào luộc.

5_ Mì luộc cho rửa bằng nước lạnh, làm ráo nước, cho mì vào bát. **(d)**

6_ Cho thành phần rau đã chuẩn bị sẵn vào cùng hỗn hợp gia vị.

고추장 떡볶이 | Tteok xào tương ớt

● **만드는 법**

1_ 떡을 물에 불린다.   2_ 사각어묵은 먹기 좋은 크기로 썬다.

3_ 양파는 채 썰고 대파는 어슷하게 썬다.   4_ 고추장, 고춧가루, 간장, 설탕, 물엿, 다진 파, 다진 마늘을 섞어 양념을 만든다.

5_ 냄비에 물을 붓고 양념장을 푼다.   6_ 국물이 끓으면 떡과 어묵을 넣고 떡이 완전히 익을 때까지 중불로 끓인다.

7_ 떡이 익으면 양파와 대파를 넣어 마무리 한다.

● Nguyên liệu (재 료)

Tteok dùng làm tteok-bok-gi 400g,
Chả cá vuông 2 miếng,
Hành tây nửa củ, Hành ba-rô 1 nhánh,
Nước 2 cốc

▶ **Gia vị**

Tương ớt 2 thìa lớn, Ớt bột 1 thìa lớn,
Nước tương 1 thìa nhỏ,
Đường 1 thìa nhỏ,
Nước kẹp mạch nha 1 thìa nhỏ,
Hành băm 1 thìa lớn,
Tỏi băm nửa thìa lớn

떡볶이용 떡 400g, 사각어묵 2 장,
양파 1/2 개, 대파 1 대,
물 2 컵

▶ 떡볶이 양념

고추장 2 큰술, 고춧가루 1 큰술,
간장 1 작은술, 설탕 1 작은술,
물엿 1 작은술, 다진 파 1 큰술,
다진 마늘 1/2 큰술

● Cách chế biến món ăn

1_ Ngâm tteok trong nước. **(a)**

2_ Chả cá xắt miếng vừa ăn.

3_ Hành tây xắt sợi, hành ba-rô xắt xéo.

4_ Làm gia vị từ tương ớt, ớt bột, nước tương, đường, nước kẹo mạch nha, hành băm, tỏi băm trộn đều.

5_ Cho nước vào nồi, hoà tan hỗn hợp gia vị. **(b)**

6_ Nước sôi thì cho chả cá và tteok vào, nấu cho đến khi tteok chín hoàn toàn bằng lửa liu riu. **(c)**

7_ Khi tteok chín, cho hành tây và hành ba-rô lên trên, hoàn tất công đoạn nấu. **(d)**

● Tip

– Nếu làm cho trẻ con ăn thì có thể cho một ít tương cà chua vào.

– 아이들에게 해 줄 경우 케첩을 조금 넣어도 좋다.

궁중 떡볶이 | Tteok xào thịt

● **만드는 법**

1_ 끓는 물에 떡을 살짝 데친다.   2_ 양파는 굵게 채 썰고 표고는 기둥을 떼고 모양을 살려 썬다.

3_ 당근은 먹기 좋은 크기로 얇게 썰고 대파는 어슷하게 썬다.   4_ 간장, 설탕, 물엿, 다진 마늘, 깨소금, 참기름을 섞어 양념을 만든다.

5_ 팬에 기름을 두르고 쇠고기, 양파, 당근, 표고버섯을 볶는다.

6_ 데쳐 둔 떡을 넣어 볶다가 양념장을 넣어 섞는다.

Tteok dùng làm tteok-bok-gi 300g,
Thịt bò dùng để nướng bul-go-gi 100g,
Hành tây nửa củ, Cà rốt 1/4 củ,
Nấm hương 2 bông,
Hành ba-rô 1 nhánh

▶ **Gia vị**

Nước tương 3 thìa lớn,
Đường 1 thìa nhỏ,
Nước kẹo mạch nha 1 thìa nhỏ,
Tỏi băm nửa thìa lớn,
Muối vừng nửa thìa nhỏ,
Dầu vừng 1 thìa nhỏ

떡볶이용떡 300g,
불고기용 쇠고기 100g,
양파 1/2 개, 당근 1/4 개,
표고버섯 2 개, 대파 1 대

▶ **양념**

간장 3 큰술, 설탕 1 작은술,
물엿 1 작은술, 다진 마늘 1/2 큰술,
깨소금 1/2 작은술, 참기름 1 작은술

● Cách chế biến món ăn

1_ Cho tteok vào nước sôi luộc sơ.

2_ Hành tây xắt sợi dày, nấm cắt bỏ gốc, xắt mỏng. **(a)**

3_ Cà rốt xắt miếng mỏng vừa ăn, hành ba-rô xắt xéo.

4_ Làm hỗn hợp gia vị từ nước tương, đường, nước kẹo mạch nha, tỏi băm, muối vừng, dầu vừng trộn đều.

5_ Tráng dầu vào chảo, cho thịt bò, hành tây, cà rốt, nấm vào xào. **(b)**

6_ Cho tteok luộc vào xào, cho hỗn hợp gia vị vào trộn đều. **(c, d)**

수제비 | Súp su-je-bi

● 만드는 법

1_ 밀가루, 소금, 물을 섞어 밀가루 반죽을 한 뒤 비닐로 싸서 30분 ~ 1시간 정도 냉장고에 넣어 둔다.

2_ 감자는 껍질을 벗기고 4등분 한 후 1cm 정도의 두께로 썰고 애호박도 같은 크기로 준비한다.

3_ 냄비에 물 4컵을 붓고 끓인다.   4_ 물이 끓으면 감자를 넣어 익힌다.

5_ 감자가 반쯤 익으면 호박을 넣고 밀가루 반죽을 떼어 넣는다.   6_ 수제비가 다 익어 떠오르면 새우젓으로 간을 맞춘다.

Bột mì 3 cốc, Muối nửa thìa nhỏ,
Nước 2/3 cốc, Bí xanh nửa quả,
Khoai tây 2 củ, Tôm muối 2 thìa lớn

밀가루 3 컵, 소금 1/2 작은술,
물 2/3 컵, 애호박 1/2 개,
감자 2 개, 새우젓 2 큰술

● Cách chế biến món ăn

1_ Nhào trộn đều nước, muối, bột mì sau đó bỏ túi nilon cho vào tủ lạnh trong khoảng 30 phút đến 1 tiếng. **(a)**

2_ Khoai tây gọt vỏ, chia làm 4, xắt dày khoảng 1cm, bí xanh làm tương tự. **(b)**

3_ Đổ 4 cốc nước vào nồi, đun sôi.

4_ Khi nước sôi thì cho khoai tây vào nấu chín.

5_ Khoai tây vừa chín tới thì bỏ bí xanh vào và xé bột mì bỏ vào. **(c)**

6_ Khi bột chính nổi lên phía trên thì cho tôm muối vào nêm vừa ăn. **(d)**

● Tip

– Thấm tay vào nước khi xé bột thì có thể xé mỏng bột dễ dàng hơn.

– 반죽을 떼어 넣을 때 손에 물을 묻히고 늘리면 얇게 떼어 넣을 수 있다.

맛김치 | Kimchi gia vị

● **만드는 법**

1_ 배추는 2~3cm 길이로 썰고 무는 나박썰기 한다.

2_ 깨끗하게 헹군 후 소금물에 절인다.

3_ 분량의 재료를 섞어 김치 양념을 섞는다.

4_ 절여진 배추와 무를 헹궈 물기를 뺀 후 양념을 넣어 버무린다.

● Nguyên liệu (재 료)

Cải bắp 1/4 bắp, Củ cải 1/8 củ,
Muối biển nửa cốc, Nước 3 cốc

▶ **Gia vị kimchi**

Ớt bột nửa cốc, Đường 2 thìa nhỏ,
Muối biển lượng vừa đủ,
Tỏi băm 2 thìa nhỏ,
Gừng băm 1 thìa nhỏ

배추 1/4 통, 무 1/8 개,
천일염 1/2 컵, 물 3 컵

▶ 김치양념

고춧가루 1/2 컵, 설탕 2 작은술,
천일염 적당량, 다진 마늘 2 작은술,
다진 생강 1 작은술

● Cách chế biến món ăn

1_ Cắt cải xắp dài khoảng 2~3cm, củ cải xắt miếng mỏng.

2_ Rửa sạch rồi ngâm vào nước muối. **(a)**

3_ Trộn đều các nguyên liệu rồi làm gia vị kimchi. **(b)**

4_ Rửa qua một lần cải bắp và củ cải đã ngâm nước muối, làm ráo nước và cho
vào gia vị vào bóp đều. **(c, d)**

● Tip

– Để khoảng 1 ngày ở nhiệt độ phòng, nếu chín thì bảo quản trong tủ lạnh.

– Cách chế biến Kimchi gia vị đơn giản hơn so với cách ướp kimchi cải bắp để nguyên bắp.

– 실온에 하루 정도 두었다가 익으면 냉장보관한다.

– 맛김치는 포기김치보다 만드는 법이 간단한 방법이다.

깍두기 | Kimchi củ cải

● 만드는 법

1_ 무는 깨끗하게 씻어 정사각형으로 깍뚝썰기하여 소금을 뿌려 절인다.
2_ 물에 찹쌀가루를 섞어 끓여 찹쌀풀을 쑨다.
3_ 찹쌀풀에 분량의 양념재료를 넣어 섞어서 깍두기 양념을 만든다.
4_ 절여진 무를 헹궈 물기를 뺀 뒤 양념을 넣고 버무린다.

Củ cải trắng nửa củ, Muối biển 1/3 cốc,
Nước 2 cốc

▶**Bột nhão gạo nếp**
Bột gạo nếp 1 thìa lớn, Nước nửa cốc
▶**Gia vị**
Ớt bột nửa cốc, Tỏi bằm 2 thìa lớn,
Hành bằm nửa thìa lớn,
Đường nửa thìa lớn,
Nước mắm cá cơm 1 thìa lớn,
Muối biển lượng vừa đủ

무 1/2 개, 천일염 1/3 컵,
물 2 컵

▶**찹쌀풀**
찹쌀가루 1 큰술, 물 1/ 2컵
▶**깍두기 양념**
고춧가루 1/2 컵, 다진 마늘 2 큰술,
다진 생강 1/2 큰술, 설탕 1/2 큰술,
멸치액젓 1 큰술, 천일염 적당량

● Cách chế biến món ăn

1_ Rửa sạch củ cải, xắt cục vuông, ướp muối. **(a, b)**

2_ Hòa bột gạo nếp vào nước nấu làm bột nhão gạo nếp. **(c)**

3_ Cho nguyên liệu làm gia vị vừa đủ vào bột nhão gạo nếp trộn đều để làm gia vị. **(d)**

4_ Rửa qua củ cải đã ướp muối, làm ráo nước, cho gia vị vào và bóp trộn đều.

총각김치 | Kimchi củ cải non

● 만드는 법

1_ 총각무는 억센 잎을 제거하고 4등분 한 뒤 소금을 뿌려 절여 놓는다.

2_ 쪽파는 5cm 길이로 송송 썬다.　3_ 물에 찹쌀가루를 섞어 끓여 찹쌀풀을 쑨다.

4_ 분량의 양념 재료와 찹쌀풀을 섞어 김치양념을 만든다.

5_ 절여진 무를 헹군 뒤 물기를 빼고 양념을 버무린 후 쪽파를 넣고 다시 한 번 버무린다.

Nguyên liệu (재 료)

Củ cải non 10 củ, Hành lá 1/4 bó,
Muối biển nửa cốc, Nước 3 cốc

▶Bột nhão gạo nếp
Bột gạo nếp 2 thìa lớn, Nước 1 cốc
▶Gia vị kimchi
Ớt bột nửa cốc, Tỏi băm 2 thìa lớn,
Gừng băm nửa thìa lớn,
Đường nửa thìa lớn,
Nước mắm cá cơm 1 thìa lớn,
Muối biển lượng vừa đủ

총각무 10 개, 쪽파 1/4 단,
천일염 1/2 컵, 물 3 컵

▶찹쌀풀
찹쌀가루 2 큰술, 물 1 컵
▶김치양념
고춧가루 1/2 컵, 다진 마늘 2 큰술,
다진 생강 1/2 큰술, 설탕 1/2 큰술,
멸치액젓 1 큰술, 천일염 적당량

● Cách chế biến món ăn

1_ Củ cải non bỏ lá, xắt làm 4 phần, ướp muối. **(a)**

2_ Hành là xắt dài khoảng 5cm. **(b)**

3_ Trộn bột gạo nếp với nước, nấu thành bột nhão gạo nếp.

4_ Làm gia vị kimchi bằng cách trộn đều bột nhão gạo nếp với nguyên liệu làm gia vị. **(c)**

5_ Cải ướp muối rửa sạch với nước rồi để ráo, bóp trộn đều với gia vị, cho hành vào bóp trộn thêm lần nữa. **(d)**

오이소박이 | Dưa leo tẩm gia vị

● 만드는 법

1_ 오이는 천일염을 사용해 껍질을 박박 문질러 씻는다.

2_ 오이의 양끝을 잘라 낸 후 길이로 3등분하고 한쪽 면에 열십자 모양의 칼집을 낸다.

3_ 천일염을 녹인 물에 오이를 넣고 30분 정도 절인다.   4_ 부추는 5cm 길이로 썰고, 당근도 같은 길이로 채 썬다.

5_ 고춧가루에 다진 마늘, 설탕, 멸치액젓, 천일염을 넣어 양념을 만든다.   6_ 고춧가루 양념과 부추, 당근을 잘 섞는다.

7_ 절여진 오이를 헹궈 물기를 제거하고 섞어 둔 양념을 칼집 넣은 부분에 채워 넣는다.

● Nguyên liệu (재 료)

Dưa leo 2 quả, Muối biển 3 thìa lớn,
Nước 4 cốc

▶ **Gia vị**

Hẹ 100g, Cà rốt 20g,
Tỏi băm 2 thìa lớn, Ớt bột 5 thìa lớn,
Đường 1 thìa lớn,
Nước mắm cá cơm 1 thìa lớn,
Muối biển lượng vừa đủ

오이 2 개, 천일염 3 큰술,
물 4 컵

▶ **양념**

부추 100g, 당근 20g,
다진 마늘 2 큰술, 고춧가루 5 큰술,
설탕 1 큰술, 멸치액젓 1 큰술,
천일염 적당량

(a) (b) (c) (d)

● Cách chế biến món ăn

1_ Dùng muối biển rửa sạch vỏ dưa leo.

2_ Cắt bỏ hai đầu, cắt ra 3 phần, chẻ làm bốn ở một đầu. **(a)**

3_ Bỏ dưa leo vào nước muối ngâm khoảng 30 phút.

4_ Xắt hẹ dài 5cm, xắt cà rốt thành sợi bằng chiều dài của hẹ. **(b)**

5_ Làm hỗn hợp gia vị từ ớt bột, tỏi băm, đường, nước mắm cá cơm và muối biển trộn đều. **(c)**

6_ Trộn đều gia vị ớt bột, hẹ, cà rốt.

7_ Rửa sạch dưa leo ngâm nước muối, làm ráo nước, nhồi hỗn hợp gia vị vào khe hở của dưa leo chẻ một đầu. **(d)**

● Tip

– Dùng nước muối để rửa vỏ dưa leo sần sùi sẽ giúp dưa leo sạch hơn.

– 오이의 표면의 거칠거칠하기 때문에 소금을 이용해서 씻으면 깨끗이 씻을 수 있다.

베트남 새댁 **한국 밥상** 차리기

TIP

1. 재료 손질법

썰기 및 깍기 방법			크기	이용음식
깍기	돌려깍기		5cm 정도	호박, 오이 등을 잡채나 무침 등에 이용할 때 (색감을 주기 위한 방법)
	둥글려깍기		밤톨 크기	감자, 당근, 무 등을 갈비찜에 이용할 때 (모서리를 없애 국물을 탁하게 하지 않고, 모양에 통일감을 주기 위한 방법)
썰기	채썰기		5x0.2~0.3cm	무나 당근을 고기 무침에 이용할 때, 달걀지단 등을 써는 일반적인 방법
	나막썰기		2.5x2.5 x0.2~0.3cm	무나 당근을 나박김치나 뭇국에 이용할 때
	깍둑썰기		사방 2cm	무를 깍두기에, 감자, 당근을 카레에 이용할 때
	마름모썰기		폭 2cm	황·백지단을 모양을 내어 써는 방법

썰기 및 깍기 방법			크기	이용음식
썰기	원형썰기		0.2~0.3cm	오이를 생채나 오이냉국 등에 이용할 때
	반달썰기		0.4~0.5cm	호박이나 감자를 된장찌개에 이용할 때
	어슷썰기		0.3cm	파나 고추의 일반적인 썰기 방법 (송송썰기는 각도를 틀지 않고 같은 두께로 썬다)
	편썰기		0.2~0.3cm	마늘이나 생강의 썰기 방법
다지기	곱게 다지기		사방 0.1cm	마늘, 파를 다지는 일반적인 방법 (양념장 등에 이용)
	굵게 다지기		사방 0.2~0.3cm	청·홍고추를 다지는 일반적인 방법 (양념장 등에 이용)

2. 재료 계량법

■ 1/2 개, 1/4 개 등으로 표시되는 기준재료

| 당근 1 개 (200g) | 가지 1 개 (105g) | 무 1/2 개 (580g) | 감자 1 개 (145g) | 달걀 1 개 (70g) |

■ 한 줌, 두 줌 등으로 표시되는 기준재료

| 느타리버섯 한 줌 (50g) | 콩나물, 숙주 한 줌 (50g) | 부추 한 줌 (50g) | 시금치 한 줌 (60g) | 당면 한 줌 (100g) |

■ 계량스푼 대신 숟가락을 이용한다면 (계량스푼 1 큰술 = 15㎖, 밥숟가락 = 13㎖)

| 설탕, 소금 계량스푼보다 약간 수북이 | 간장 계량스푼만큼 가득 차게 | 식용유 계량스푼만큼 가득 차게 | 고추장, 된장 계량스푼과 같이 깍아서 |

■ 계량컵 대신 종이컵을 이용한다면 (계량컵 1 컵 = 종이컵 1 컵과 거의 같다)

| 설탕, 소금 계량컵보다 약간 넘치게 수북이 | 고추장 계량컵과 거의 동량으로 | 간장 계량컵이 가득 차게 | 밀가루 계량컵보다 약간 넘치게 수북이 |

3. 기본적인 양념재료 보관법

파		금방 시들어 버리기 쉬운 파는 송송 썰어 비닐이나 밀폐용기에 넣어 냉동실에 보관한다. 넣어둔 파가 살짝 얼었을 때 냉동실에서 꺼내어 재료끼리 붙지 않도록 흔들어준 뒤 다시 냉동 보관한다.
마늘		마늘 껍질을 벗긴 후 다져서 지퍼백 등에 담아 칼등으로 자국을 낸 뒤 얼리면, 다음에 사용할 때 한 조각씩 떨어지므로 사용할 때 편리하다.
고추		금방 상하기 쉬운 고추는 말리거나 송송 썰어 비닐 등에 넣어 냉동실에 보관한다. 넣어둔 고추가 살짝 얼었을 때 꺼내어 흔들어준 뒤 다시 냉동 보관한다.

4. 가장 많이 나오는 재료 손질법

마늘 다지기		– 마늘을 칼의 면으로 눌러 으깬다. – 잘게 다진다. ※ 시중에 나와있는 칼 중에는 손잡이 끝부분에 마늘 다지는 부분이 있는 제품도 있으므로 이를 이용하면 편리하다.
양파 다지기		– 측면에서 45도로 칼집을 넣는다. – 방향을 돌려서 45도로 칼집을 넣는다. – 잘게 썬다
파 다지기		– 여러 방향으로 칼집을 낸다. – 송송 썬다
생강 껍질 벗기기		– 물에 씻어 흙을 제거하고 숟가락으로 긁어 껍질을 벗긴다. – 물에 씻어 여분의 껍질을 제거한다.

5. 한국음식의 기본 양념재료

- **짠맛을 내는 재료 :** 소금, 간장, 고추장, 된장 등
- **단맛을 내는 재료 :** 꿀, 설탕, 물엿, 조청, 올리고당 등
- **신맛을 내는 재료 :** 식초, 매실초 등
- **매운맛을 내는 재료 :** 고춧가루, 고추장, 겨자, 산초 등
- **구수한 맛을 내는 재료 :** 된장 등

① 소금 : 꽃소금, 굵은 소금, 맛소금

꽃소금은 희고 고운 소금으로 조리할 때 많이 쓰인다.
굵은 소금은 약간의 탁한 색감에 김치를 절이거나 하는 용도로 많이 쓰인다.
맛소금은 1%의 화학조미료를 첨가한 것으로 미세한 간을 맞출 때 간편하게 사용한다.
굵은 소금은 꽃소금에 비해 짠맛이 덜하며 천일염으로 불리기도 한다.
조리할 때 소금은 재료가 어느 정도 익어서 부드러워졌을 때 넣는 것이 좋다.

② 간장 : 진간장(외간장), 국간장

색이 진하고 단맛이 나는 진간장(외간장)은 조림, 볶음, 초, 구이 등에 사용한다. 국이나 찌개,
나물에는 일반적으로 청장으로 불리는 국간장을 사용한다. 간장을 끓이면 향이 감소하므로 국물이
끓을 때 넣는 것이 좋다. 장시간 끓이는 조림요리에는 진간장에 여러 양념을 섞은 양념장을
만들어 2~3회에 나누어 넣는 것이 좋다. 일반적으로 말하는 간장은 진간장을 의미한다.

③ 된장

집된장은 메주를 쑤어 띄워서(건조 발효, 숙성해서) 간장을 떠내고 난 메주에 소금으로 간을 하여
발효시킨 것이다. 집된장은 오래 가열하면 단백질이 분해되어 맛이 좋아지지만 시판용 된장은 장시간
가열하면 구수한 맛을 잃는다. 된장은 주로 된장국이나 찌개를 끓일 때, 나물을 무칠 때 이용된다.
생선요리나 고기(족발이나 제육)을 삶을 때 넣으면 냄새를 제거하는 기능을 한다.

④ 고추장

고추장은 찹쌀가루나 보리 등에 고춧가루, 메주, 소금 등이 어우러져 숙성 발효된 것으로 매운맛, 짠맛,
감칠맛이 잘 융화되어 식욕을 자극하는 양념이다.
고추장은 생채, 구이, 조림 등에 이용되며 찌개의 맛을 내기도 하고 초고추장, 볶음고추장 등으로 이용된다.

⑤ 백설탕, 황설탕, 흑설탕

설탕은 가공방법에 따라 백설탕, 황설탕, 흑설탕으로 나뉘며 정제도가 높을수록 색이 희고 감도가 높다. 음식의 단맛을 내면서 음식에 끈기와 광택을 주고 신맛, 짠맛을 약하게 한다.

고기양념, 생선조림, 나물 등에 쓰이며 약식, 약과 등 모든 요리에 많이 쓰인다.

요리를 할 때 설탕과 소금이 함께 들어가는 경우 설탕을 먼저 넣어야 부드럽다.

⑥ 꿀, 물엿

꿀은 천연감미료로 과당과 포도당이 주를 이루며 독특한 향으로 한과 및 떡류에 주로 이용되는 고급 감미료이다. 물엿은 감미가 설탕에 비해 부드럽고 흡습성이 있으며 조림이나 볶음요리 등에 사용하면 윤기를 더한다. 최근엔 물엿보다 단맛이 덜하고 장 건강에 도움이 된다는 올리고당도 시판되고 있으나 물엿과 같은 기능을 한다고 보면 된다.

⑦ 식초

식초는 신맛을 내는 양념으로 양조식초와 합성식초가 있다. 입맛을 돋우고 음식에 청량감을 주며 소화흡수를 돕는다. 해산물을 데칠 때 조금 넣으면 특유의 비린내와 잡맛을 없애주나 양 조절에 주의하도록 한다. 생채와 겨자채, 냉국 등에 넣어 신맛을 내며 장아찌 등 저장식품의 방부작용과 조미료로 쓰인다. 식초는 녹색의 채소를 누렇게 변색시키므로 푸른색 나물이나 생채에는 먹기 직전에 넣도록 한다.

⑧ 고춧가루

매운맛을 내는 양념으로 태양초는 붉은 빛이 선명하고 매운맛과 단맛이 좋다.

기기 건조법으로 말린 것은 색과 맛이 덜하다.

국이나 찌개류에 매운맛을 더하거나 김치, 깍두기, 나물, 무침 등에 사용한다.

⑨ 통깨, 깨소금

통깨는 참깨를 볶아서 통째로 사용하는 것이다. 깨소금은 깨에 소금을 넣은 것이 아니라 절구나 분말기에 넣고 빻아서 분말형태로 사용하는 것을 말한다.

음식에 고소한 맛을 낼 때나 양념장에 사용하며 고소한 맛을 잃지 않도록 적당 분량만큼 빻아서 뚜껑 있는 용기에 넣어 보관 사용한다.

⑩ 식용유, 들기름, 참기름

식용유는 볶음, 지짐 등에 가장 많이 사용한다. 참기름과 들기름은 나물이나 무침요리에 향을 낼 때 사용하고, 끓는점이 낮아 튀김에는 사용하지 않는다. 참기름은 참깨를 볶아서, 들기름은 들깨를 볶아서 짠 것으로 들기름은 김을 굽거나 나물을 볶을 때 참기름은 나물요리에는 필수양념이다.
가열요리에는 마지막에 넣어 향을 살린다.

⑪ 통후추, 후춧가루

후추는 고기의 누린내와 생선의 비린 냄새를 제거하는 향신료로 자극성이 있어서 식욕을 높인다. 차를 달이거나 배숙 등의 음료에는 통후추를 박아서 사용한다. 검은 후추는 미숙한 후추 열매를 건조한 것으로 통째로도 쓰고 갈아서 후춧가루로도 사용한다. 후춧가루는 공기 중에 방치하면 향이 날아가므로 소량씩 갈아서 사용하거나, 사용 후 뚜껑을 닫아둔다.

6. 향신채

① 파
- 대파는 음식에 따라 어슷썰기를 하거나 모양대로 송송썰기도 한다. 양념으로 사용할 때는 흰 뿌리 부분과 연두색 부분을 곱게 다져 쓰기도 한다.
- 대파의 푸른 잎 부분은 자극이 세고 쓴맛이 강하므로 고깃국의 냄새를 제거할 때나 조림 볶음에 크게 넣어 이용하면 효과적이다.
- 파는 송송 썰어 곰탕이나 설렁탕에 곁들이면 고기 특유의 누린내 제거에 좋다.

② 마늘
- 마늘은 자극성 성분이 강해 고기와 생선요리의 누린내와 비린내를 없애거나 채소의 풋내 제거에 좋다. 장시간 가열하는 조림이나 탕에 이용할 때는 다진 마늘보다 굵게 편썰기 하거나 통으로 사용하는 것이 국물이 맑고 깨끗하다.
- 동치미나 나박김치에는 채썰기로, 육회의 고명은 편썰기 하여 사용하기도 하나 대부분의 요리에서 다져서 사용한다.

③ 생강
- 매운맛과 향이 강해 양념 외에도 차를 끓이거나 한약 재료로 많이 쓰인다.
- 특유의 향기와 매운 맛은 생선 비린내, 돼지고기, 닭고기의 누린내를 없애는데 효과적이며 연육작용도 한다.
- 육류나 어류를 조리할 때는 청주나 소주에 생강즙을 넣어 만든 생강술을 뿌려두면 비린내나 누린내 제거와 연육작용에 좋다.

7. 기본적인 양념장 만들기

① **초간장** – 간장 1큰술, 식초 1/2큰술, 설탕 1/4큰술, 물 1큰술
– 각종 전등에 곁들이며 설탕은 기호에 따라 가감하며 깨소금 등을 첨가하기도 한다.

② **초고추장** – 고추장 1큰술, 식초 1/2큰술, 설탕 1/2큰술, 물 1큰술
– 어패류 회나 미나리강회, 쪽파강회 등에 이용하고 설탕과 식초의 양은 입맛에 맞게 조절한다.
– 마늘이나 파를 다져서 넣기도 하고 참깨나 깨소금을 넣기도 한다.

③ **유장** – 간장 1작은술, 참기름 2.5작은술
– 참기름과 간장을 넣고 애벌구이할 때 쓰이는 양념장이다. 간장은 밑간이 될 정도로 조금만 넣고 참기름을 분량대로 넣은 후 주재료에 발라 굽는다.
– 명태포나 더덕구이 등에 쓰이며 유장으로 애벌구이한 후 고추장 양념을 발라 양념이 익을 정도로만 살짝 굽는다.
– 유장 처리하여 애벌구이를 하지 않고 양념장을 바로 발라서 굽게 되면 재료는 익지 않고 표면의 고추장 양념이 타게 되므로 좋지 않다.

④ **양념장**

고기양념
간장양념장 : 간장 5큰술, 설탕 3큰술, 청주 2큰술, 다진 파 2큰술, 다진 마늘 1큰술, 참기름 1큰술, 다진 생강 1/2큰술, 후춧가루 약간, 소금 약간
– 쇠고기 600g 정도의 분량에 양파, 파 등의 부재료를 넣었을 때 알맞은 양이며 소불고기 양념으로 이용할 수 있다.

매운양념장 : 고춧가루 5큰술, 고추장 3큰술, 간장 2큰술, 청주 2큰술, 다진 파 2큰술, 물엿 2큰술, 설탕 1큰술, 참기름 1큰술, 나진 마늘 1/2큰술, 깨소금 1/2큰술, 다신 생상 1삭은술, 소금 1작은술, 후주가루 약간
– 돼지고기 600g, 닭고기 중간크기 한마리 정도를 매콤하게 버무려 찌거나 볶을 때 사용한다.

조림양념
단 간장조림장 : 간장 4큰술, 물엿 1큰술, 설탕 1큰술, 청주 1큰술, 다진 마늘 1큰술, 다진 파 1/2작은술, 통깨 약간
– 감자나 두부, 건어물 등을 맵지 않고 달콤하게 조리하고 싶을 때 사용한다.

매콤한 조림장 : 간장 4큰술, 고춧가루 1/2큰술, 설탕 1/2큰술, 다진 파 1/2큰술, 다진 마늘 1작은술, 깨소금 1작은술, 참기름 1작은술
– 고춧가루를 넣어 약간 칼칼한 맛을 낼 때 사용하며 청량고추를 한 개 정도 넣어주면 알싸(매콤)한 맛이 난다.

무침양념

국간장양념 : 국간장 1과 1/2큰술, 설탕 1/2큰술, 다진 파 1/2큰술, 다진 마늘 약간, 참기름 약간, 통깨 약간
- 고사리나물, 취나물 등을 볶거나 무칠 때 사용한다. 나물 300g에 사용하면 적당하다.

매콤새콤한 양념 : 고춧가루 2큰술, 식초 2큰술, 물엿 1큰술, 고추장 1큰술, 간장 1큰술, 설탕 1큰술, 다진 파 1큰술,
다진 마늘 1/2큰술, 참기름 1/2큰술, 깨소금 1작은술, 소금 약간
- 데친 오징어, 골뱅이, 오이, 불린 미역을 무칠 때 사용한다. 주재료의 양은 300g이면 적당하다.

8. 기본적인 육수내기(2인기준, 450~500ml)

한가지 재료로만 육수를 내는 것보다는 두 가지 이상의 재료를 넣어 육수를 낼 때 국물 맛이 더 구수하고 깊어진다.

① 다시마 육수 : 다시마 1 장(5x5cm), 물 3컵
- 무 1/8개(150g)와 북어 머리를 같이 넣어 끓이면 더 진한 국물이 된다.
- 찬물에 재료를 함께 넣고 끓인다. 다시마는 물이 끓으면 건져낸다. 북어 머리는 10분 정도 더 끓여 건져내고 무는 푹 익힌다.

② 멸치육수 : 멸치 12g(7~8개), 물 3컵
- 다시멸치는 몸통을 가르고 내장을 제거하면 표면적이 넓어져서 국물내기가 더 용이하다.
- 오래 끓이면 살이 풀어지고 국물이 탁해지니 10~15분 정도만 끓인다.

③ 고기육수 : 고기(양지머리나 사태) 80g, 대파(5cm 1개), 마늘 3쪽, 물 3컵
- 양지머리나 사태를 찬물에 넣는다. 센 불에서 끓이다가 끓어오르면 약한 불로 줄여 대파, 마늘을 넣고 20분 정도 은근한 불에서 끓인다.

④ 해산물 육수 : 생선 뼈 100g, 조개 20g, 무 15g, 대파 5cm 1대, 마늘 3쪽, 물 4컵
- 핏물을 뺀 생선과 해감한 조개를 찬물에 넣는다. 거품을 걷어가며 20분 정도 끓인다.
- 보리새우 등을 더 넣기도 하며 매운탕 국물이나 생선찌개 국물에 사용된다.

⑤ 사골 육수 : 사골 300g, 잡뼈 100g, 양지머리 100g, 물 10컵
- 고기(양지머리)를 제외하고 뼈는 찬물에서 핏물을 충분히 뺀 후 뼈가 잠길 정도의 물만 넣고 끓인다. 국물이 검은색이 돌고 거품이 나오면 따라버린다. 찬물로 한번 헹궈낸 뒤 물을 계량하여 붓고 센 불에서 끓여 육수를 낸다.
- 뚜껑을 열어 놓고, 국물이 끓기 시작하면 기름을 걷어낸다. 30분 가량 끓여 누린내를 날려 보낸다. 불을 줄이고 뚜껑을 덮고 끓인다.
- 국물이 끓기 시작하면 고기(양지머리)를 통째로 넣는다. 고기가 익으면 고기만 건져내고 얇게 썰거나 찢어 나중에 고명으로 사용한다. 사골국물은 처음에 끓인 국물보다 2~3회 끓인 국물을 섞어 사용해야 더 구수한 맛이 난다.
- 토란탕, 곰탕, 설렁탕 등에 이용된다.

9. 조리법

① 삶기
– 삶기는 끓는 물속에서 익혀 내는 조리법이다. 육류나 어패류를 삶을 때는 끓는 물에 넣어야 표면의 단백질이 응고되어 육즙이나 영양소의 유출을 막고 모양이 흐트러지지 않는다. 국물을 맛있게 하려면 맛 성분이 우러나오도록 충분히 가열한다. 무, 당근, 감자 등은 쉽게 익지 않으므로 찬물에서부터 익혀야 한다.

② 데치기
– 익혀서 무치는 야채(시금치, 콩나물 등)이나 어패류 숙회(오징어나 꼬막 등)를 할 때 이용되는 조리법이다. 끓는 물에 1분~2분 정도 살짝 익히는 방법이다.
– 녹색야채를 데칠 때에는 물에 소금을 약간 넣고 뚜껑을 열고 데치면 녹색이 더 선명해진다. 데친 야채는 재빨리 찬물에 헹궈 뜨거운 기운을 가시게 한 뒤 요리에 이용한다.

③ 조림
– 조림은 센 불에서 재료와 양념장이 끓기 시작하면 중불로 낮추어 서서히 졸여야 양념이 재료의 속까지 잘 배어들고 재료의 맛 성분이 나와 국물과 어우러진다. 센 불에서 계속 졸이면 맛 성분이 나오기도 전에 국물이 증발하여 깊은 맛을 낼 수 없다.

④ 고음
– 곰탕이나 사골을 고을 때는 물이 한번 끓고 난 후에 약한 불에서 은근히 끓여야 육류의 맛이 충분히 우러난다. 사골을 끓일 때 담백한 맛을 얻기 위해서는 뚜껑을 열고 서서히 끓여야 맛 성분이 충분히 육수에 우러나오고 잡냄새 등은 없어진다.

⑤ 찌기
– 수증기의 증기열에 의해서 음식을 익히는 방법으로 영양소의 파괴가 적고 기름을 이용한 튀김 등의 조리방법보다 열량이 적어지므로 건강하게 음식을 먹을 수 있는 방법이다.
– 찜은 물이 끓어 수증기가 충분히 생성된 후에 재료를 넣고 익혀야 한다.

⑥ 중탕
– 중탕은 불에 직접 가열하지 않고 끓는 물속에 조리 용기를 넣어 일정한 온도에서 가열하는 방법이며 음식이 부드럽게 조리되는 것이 특징이다. 달걀찜 등에 사용된다.

⑦ 구이
– 구이는 꼬치나 석쇠를 이용하여 직화에서(불에 직접 구워) 재료의 자체 수분으로 익히는 방법이다. 요리에 맛과 향을 더하기 위해 숯을 이용하기도 한다. 굽는 불의 온도와 굽는 정도에 따라 맛과 냄새가 달라진다. 직화로 굽는 방법 이외에 철판구이나, 돌구이, 오븐구이도 이에 해당한다.

⑧ 볶음

- 볶음은 소량의 지방을 이용해 뜨거운 팬에서 음식을 익히는 방법이다.
- 팬을 뜨겁게 달군 후 소량의 기름을 넣어 높은 온도에서 단시간에 볶아야 재료가 가진 영양의 파괴가 적고 모양이 흐트러지지 않는다.

⑨ 튀기기

- 튀김 팬에 재료가 충분히 잠길 만큼의 기름을 넣고 익히는 방법으로 다른 조리법에 비해 열량이 높아지지만 고소한 맛이 증가된다.
- 기름의 온도를 아는 방법은 재료나 튀김 옷을 기름 속에 넣었을 때 냄비의 밑에 가라앉으면 150~160도, 중간쯤까지 가라앉았다가 바로 떠오르면 170~180도, 표면에서 가라앉지 않으면 190~200도이다. 재료마다 각각 다르나 180도 전후가 가장 튀김에 알맞은 온도이다. 기름의 온도가 낮으면 재료에 기름의 흡수가 많아 눅눅해지고 온도가 높으면 익기도 전에 타게 된다.
- 튀김에 알맞은 기름은 식용유나 카놀라유, 포도씨유 등이며 올리브유나 참기름, 들기름 등은 끓는점이 낮기 때문에 무침이나 샐러드용으로 쓴다.

Phần ghi chú cho chế biến món ăn Hàn Quốc

1. Các thủ thuật bằng tay khi làm nguyên liệu

	Phương pháp cắt và thái (xắt)			Độ lớn	Các món ăn sử dụng
Cắt	Cắt xoay tròn			Khoảng 5cm	Đối với bí đỏ, dưa leo... trong món miến xào hoặc món rau trộn gia vị... (tạo cảm giác màu sắc, trang trí)
	Cắt tròn			Lớn bằng hạt dẻ	Đối với củ cải, cà rốt, khoai tây... trong món sườn hấp. (tạo cảm giác đồng nhất, không làm nước canh bị đặc và không tạo góc cạnh)
Xắt (Thái)	Xắt sợi			5x0.2 ~ 0.3cm	Cách xắt thông thường với trứng rán, đối với cà rốt hoặc củ cải trong món thịt luộc trộn rau xào.
	Xắt vuông mỏng			2.5x2.5 x0.2 ~ 0.3cm	Đối với củ cải hay cà rốt trong món kimchi nước hoặc canh củ cải.
	Xắt cục vuông			4 cạnh khoảng 2cm	Đối với củ cải trong món kimchi củ cải và đối với cà rốt, khoai tây trong món cà ri.
	Xắt hình thoi			Rộng 2cm	Cách xắt tạo hình cho lòng đỏ và trắng trứng.

Phương pháp cắt và thái (xắt)			Độ lớn	Các món ăn sử dụng
Xắt (Thái)	Xắt nguyên hình dạng		0.2 ~ 0.3cm	Đối với dưa leo trong món canh dưa lạnh hoặc món rau tươi trộn.
	Xắt hình bán nguyệt		0.4 ~ 0.5cm	Đối với khoai tây hoặc bí đỏ trong món lẩu tương đậu.
	Xắt xéo		0.3cm	Cách xắt thông thường với ớt hoặc hành. (xắt đốt là xắt các mọi góc độ với độ dày tương tự nhau.)
	Xắt lát		0.2 ~ 0.3cm	Cách xắt tỏi hoặc gừng.
Băm	Băm nhuyễn		4 cạnh 0.1cm	Cách băm thông thường với hành và tỏi. (khi làm gia vị...)
	Băm đều		4 cạnh 0.2~0.3cm	Cách thông thường với ớt xanh, đỏ. (khi làm gia vị...)

2. Cách ước lượng nguyên liệu

■ **Nguyên liệu tiêu chuẩn được biểu thị như : 1/2 củ quả, 1/4 củ quả…**

Cà rốt 1 củ
(200g)

Cà tím 1 quả
(105g)

Củ cải 1/2 củ
(580g)

Khoai tây 1 củ
(145g)

Trứng gà 1 qủa
(70g)

■ **Nguyên liệu tiêu chuẩn được biểu thị như : 1 nắm, 2 nắm**

Nấm tán 1 nắm
(50g)

Giá đậu nành, giá đậu
xanh 1 nắm (50g)

Hẹ 1 nắm
(50g)

Lá bi-na 1 nắm
(60g)

Miến khô 1 nắm
(100g)

■ **Nếu sử dụng thìa cơm thay cho thìa đo (1 thìa đo lớn = 15ml, còn 1 thìa cơm = 13ml)**

Đường, muối :
đong cao hơn một chút so với thìa đo

Nước tương :
đong đầy bằng thìa đo

Dầu ăn :
đong đầy bằng thìa đo

Tương ớt, tương đậu :
gạt bằng thìa đo

■ **Nếu sử dụng cốc giấy thay cho cốc đo (1 cốc đo = gần như bằng 1 cốc giấy)**

Đường, muối :
đong đầy một chút hơn so với cốc đo

Tương ớt :
trọng lượng gần như bằng cốc đo

Nước tương :
đong đầy bằng cốc đo

Bột mỳ :
đong đầy hơn một chút so với cốc đo

3. Phương pháp cơ bản bảo quản nguyên liệu gia vị

Hành		Hành rất dễ héo nên xắt đốt nhỏ bỏ vào túi nilon hoặc hộp nhựa sau đó bảo quản lạnh. Hành để lâu trong ngăn lạnh dễ bị đông đá nên lấy ra lắc đều để hành không dính vào nhau rồi bỏ lại vào ngăn lạnh bảo quản.
Tỏi		Bóc tỏi bỏ vỏ, cho vào túi nilon, dùng lưng dao giã rồi bảo quản lạnh. Khi dùng thì lấy từng miếng rời ra sử dụng sẽ rất tiện lợi.
Ớt		Ớt rất nhanh bị thâm đen nên xắt đốt nhỏ hoặc sấy khô sau đó bảo quản bằng túi nilon trong ngăn lạnh. Khi ớt bị đông đá thì lấy ra ngoài lắc đều rồi bảo quản lại trong ngăn lạnh.

4. Các thủ thuật bằng tay xử lý nguyên liệu thường gặp

Băm tỏi		- Làm dập tỏi bằng cách đè mạnh mặt dao xuống. - Làm dập từng miếng. ※ Thông thường các loại dao bán ngoài chợ ở cuối cán dao có bộ phận đập dập tỏi sử dụng rất tiện lợi.
Băm hành tây		- Đặt dao nghiêng 45 độ rồi xắt. - Đổi hướng rồi xắt lại theo góc 45 độ. - Xắt miếng mỏng
Băm hành		- Băm hành theo nhiều hướng. - Xắt khúc nhỏ.
Bóc vỏ gừng		- Rửa sạch đất bằng nước và dùng thìa để cạo bỏ vỏ. - Rửa nước để loại sạch vỏ còn bám bên ngoài.

5. Nguyên liệu gia vị cơ bản của món ăn Hàn Quốc

- Nguyên liệu vị mặn: muối, nước tương, tương ớt, tương đậu …
- Nguyên liệu vị ngọt: mật ong, đường, nước kẹo mạch nha, đường cô đọng(oligo)…
- Nguyên liệu vị chua: dấm, Mae-sil-cho...
- Nguyên liệu vị cay: ớt bột, tương ớt, hạt tiêu, mù tạt…
- Nguyên liệu làm ngon miệng: tương đậu…

① Muối : Muối hoa, muối hạt, muối tinh chế

Muối hoa là muối có màu trắng tinh được sử dụng nhiều trong các món kho. Muối hạt là muối có màu đục dùng để muối, ướp ví dụ như kimchi. Muối tinh chế là muối có chứa khoảng 1% bột ngọt hóa học sử dụng trong nêm nếm một cách tiện lợi. Muối hạt ít mặn hơn so với muối hoa và cũng được gọi là muối biển. Đối với các món kho, cần nêm muối khi các nguyên liệu đã chín mềm thì sẽ ngon hơn.

② Nước tương : Nước tương đậm(nước tương ngoài), Nước tương canh

Loại nước tương có màu đậm vị ngọt được gọi là nước tương đậm(nước tương ngoài) dùng cho các món như kho, xào, trộn giấm, nướng… Đối với món canh, lẩu, rau trộn gia vị (na-mul) thì thường dùng loại nước tương canh, hay còn gọi là nước tương loãng để chế biến. Nên nấu chín canh trước rồi mới cho nước tương vào, vì nước tương sẽ bị giảm mùi thơm khi đun sôi. Đối với món kho cần phải đun sôi lâu thì cần làm hỗn hợp gia vị trộn đều nhiều thứ với nước tương đậm trước và chia làm làm 2~3 lần khi cho vào nấu. Tên gọi nước tương dùng ở đây thường mang ý nghĩa là nước tương đậm.

③ Tương đậu

Tương đậu ở nhà được làm thành bánh tương đậu khô treo lên(lên men khô, làm chín) rồi rắc muối vào khi đã nhúng qua nước tương để lên men. Tương đậu ở nhà nếu càng ở nhiệt đột cao thì lượng protein trong nó sẽ được phân giải nên có vị ngon hơn, nhưng đối với tương đậu dùng để bán ngoài chợ thì ngược lại mùi thơm của nó bị mất đi. Tương đậu chủ yếu được dùng khi nấu canh tương đậu hay lẩu, khi trộn các món rau xào. Khi làm món cá hay thịt(chân giò, thịt nạc) luộc nếu cho chút tương đậu vào nó có tác dụng khử mùi.

④ Tương ớt

Tương ớt là loại gia vị kích thích vị giác do có tính dung hòa từ vị ngọt, mặn, cay được làm lên men từ những nguyên liệu như muối, ớt bột, đậu nành trộn lẫn với bột gạo nếp hoặc lúa mạch. Tương ớt được sử dụng với món kho, nướng, rau sống và với các loại gia vị như tương ớt xào, tương ớt trộn dấm cũng tạo thêm vị ngon của lẩu.

⑤ Đường trắng, đường vàng, đường đen

Tùy theo cách tinh chế mà người ta chia ra thành đường trắng, vàng, đen và độ tinh chế càng cao thì đường càng trắng, vị ngọt cũng tăng. Đường vừa làm cho món ăn thêm vị ngọt và làm giảm vị mặn, chua với món ăn thơm ngon hơn. Đường được dùng nhiều trong các món ăn như rau xào, cá kho, thịt tẩm gia vị và trong tất cả các loại món ăn có vị ngọt, bánh mật... Trường hợp chế biến món ăn mà cho cả đường và muối vào thì nên cho đường vào trước món ăn sẽ mềm hơn.

⑥ Mật ngọt, nước kẹo mạch nha

Mật với vị ngọt từ thiên nhiên được tinh chế từ nho ngọt và quả ngọt, và là chất tạo ngọt cao cấp thường dùng chủ yếu trong các món bánh tteok, bánh kẹo ngọt với một lượng đặc biệt. Nước kẹo mạch nha có vị ngọt dịu hơn đường và dễ hấp thụ hơn, nếu dùng để nấu các món kho, xào thì sẽ ngon hơn. Gần đây, đường oligo với vị ngọt tương đối và giúp ngăn ngừa về bệnh đường ruột hơn so với nước kẹo mạch nha nên được bán chạy hơn ngoài thị trường, nhưng có thể coi tính năng của nó giống như nước kẹo mạch nha.

⑦ Giấm

Giấm là gia vị tạo vị chua, gồm loại như giấm pha và giấm hợp tính, làm cho món ăn có vị ngon hơn và mang lại cảm giác dễ chịu, dễ tiêu hóa hơn. Khi làm món hải sản nếu bỏ một chút giấm vào sẽ khử được nhiều mùi hôi, tuy nhiên chú ý điều chỉnh lượng giấm khi cho vào thức ăn. Cho giấm vào các món như rau sống, rau trộn mù tạc, canh lạnh... tạo vị chua và dùng dấm như 1 phụ liệu phòng chống các tác dụng phụ của thức ăn bảo quản trong tủ lạnh như các món rau ngâm nước tương … Giấm có thể làm cho các loại rau tươi xanh ngả màu vì vậy đối với các món rau tươi, rau xào còn xanh thì trước khi ăn mới cho giấm vào.

⑧ Ớt bột

Ớt bột là loại gia vị tạo vị cay nếu được phơi khô dưới ánh nắng mặt trời sẽ cho màu đỏ của ớt sáng và mức độ cay, ngọt hơn. Nếu sấy bằng máy thì màu sắc và vị cay sẽ giảm đi. Ớt bột được sử dụng trong các món canh, lẩu, kimchi, kimchi củ cải, rau xào, kho…sẽ cho vị cay hơn.

⑨ Vừng, muối vừng

Vừng được có nhiều loại được sử dụng chung với nhau. Muối vừng không phải là cách cho muối vào vừng mà là được cho vào cối giã hoặc máy xay xay nhuyễn. Nếu cho vào món ăn sẽ làm cho món ăn thơm béo hơn, sử dụng trong hỗn hợp tương gia vị, xay một lượng vừa đủ cho vào lọ có nắp bảo quản để không làm mất đi độ thơm béo.

⑩ Dầu ăn, dầu tía tô, dầu vừng

Dầu ăn được sử dụng nhiều nhất cho các món chiên xào, kho... Dầu vừng và dầu tía tô được sử dụng trong các món kho, rau xào để tạo hương vị, không sử dụng cho các món chiên rán. Dầu vừng dùng xào vừng, dầu tía tô dùng xào lá tía tô, dầu tía tô có vị mặn dùng để rán lá kim hoặc khi xào thì dầu vừng là loại rất được ưa dùng. Với các món nấu ở nhiệt độ cao khi chín thì bỏ vào sẽ giữ được hương vị.

⑪ Tiêu, bột tiêu

Tiêu là loại phụ liệu có khả năng kích thích vị giác, với hương vị giúp khử mùi tanh của cá và thịt. Được sử dụng trong các thức uống như nước lê tẩm mật ong và pha chế trà. Tiêu đen được sấy khô giữ nguyên hạt và đem dùng, hoặc xay thành bột để nêm nếm. Tiêu bột dễ mất mùi nên xay vừa đủ dùng, dùng xong thì đậy nắp lại.

6. Rau mùi

① Hành
- Hành ba-rô xắt xéo hoặc xắt đốt nhỏ tùy theo món ăn. Khi làm gia vị thì cả phần thân trắng và xanh đều được sử dụng bằng cách băm nhỏ.
- Phần lá xanh của hành ba-rô có vị đắng và tính kích thích mạnh nên có hiệu quả trong việc khử mùi của canh nấu với thịt hoặc sử dụng nhiều trong các món kho xào.
- Hành xắt đốt cho vào súp bò, lẩu... có tác dụng khử mùi đặc trưng của thịt.

② Tỏi
- Tỏi có tính kích thích mạnh nên giúp khử mùi tanh của cá và mùi hôi của thịt hoặc mùi úa của lá rau. Khi cho tỏi vào trong món lẩu, kho cần thời gian lâu nên xắt tỏi dày hoặc để nguyên tép hơn là băm ra thì nước canh sẽ trong và sạch hơn.
- Khi cho vào các món ăn như kimchi củ cải hay kimchi nước thì có thể xắt sợi, còn cho vào món thịt ăn sống thì có thể xắt lát hoặc thường thì dùng tỏi băm.

③ Gừng
- Gừng có vị cay và mùi hương mạnh ngoài việc dùng làm gia vị gừng còn để pha trà và thường dùng làm nguyên liệu trong thuốc bắc.
- Với vị cay và mùi hương đặc thù gừng có tác dụng khử mùi của cá, thịt lợn, thịt gà... và tốt cho sức khoẻ.
- Vắt nước gừng vào rượu soju hay chongju để làm rượu gừng làm cho vào khi kho cá hoặc thịt sẽ khử được mùi hôi, mùi tanh và tốt cho sức khoẻ.

7. Cách làm hỗn hợp gia vị cơ bản

① **Nước tương dấm** – nước tương 1 thìa lớn, dấm nửa thìa lớn, đường 1/4 thìa lớn, nước 1 thìa lớn.
- Bày biện dưới ánh đèn, đường tùy theo mức độ mà cho nhiều hay ít, cũng có thể cho muối vừng... vào.

② **Tương ớt pha giấm** – tương ớt 1 thìa lớn, giấm nửa thìa, đường nửa thìa, nước 1 thìa lớn.
- Được sử dụng trong các món gỏi cá hoặc gỏi rau cần, điều chỉnh liều lượng giấm và đường cho vừa miệng. Có thể cho tỏi băm, muối vừng, vừng... vào.

③ **Sửa huyết thanh** – nước tương 1 thìa nhỏ, dầu vừng 2 thìa rưỡi nhỏ.
- Trộn dầu vừng và nước tương làm gia vị sử dụng khi chiên rán sơ qua. Cho 1 ít nước tương vừa ăn và lượng dầu vừng tương ứng vào sau đó phết lên đồ ăn rồi rán. Dùng cho món cá pô-lắc khô hoặc deo-deok rán, sau khi rán bằng sửa huyết thanh thì phết gia vị tương ớt lên, rán sơ cho gia vị chín. Nếu không xử lý trước với sữa huyết thanh rồi rán mà lại phết gia vị tương ớt vào rồi rán ngay thì nguyên liệu sẽ không chín và bề mặt gia vị bên ngoài của món ăn sẽ bị cháy do đó không tốt.

④ **Hỗn hợp gia vị**

Gia vị cho thịt
Tương gia vị nước tương : nước tương 5 thìa lớn, đường 3 thìa lớn, rượu gạo 2 thìa lớn, hành băm 2 thìa lớn, tỏi băm 1 thìa lớn, dầu vừng 1 thìa lớn, gừng băm nửa thìa lớn, 1 ít tiêu bột, 1 ít muối.
- Cho các phụ liệu như hành tây, hành lá vào khoảng 600g thịt bò tạo thành một lượng vừa đủ và có thể dùng làm gia vị cho món thịt nướng.

Hỗn hợp gia vị cay : Ớt bột 5 thìa lớn, tương ớt 3 thìa lớn, nước tương 2 thìa lớn, rượu gạo 2 thìa lớn, hành băm 2 thìa lớn, nước kẹo mạch nha 2 thìa lớn, đường 1 thìa lớn, dầu vừng 1 thìa lớn, tỏi băm nửa thìa lớn, muối vừng nửa thìa lớn, gừng băm 1 thìa nhỏ, muối 1 thìa nhỏ, 1 ít tiêu bột.
- Dùng làm gia vị khi cho vào thịt heo khoảng 600g, gà một con cỡ vừa rồi bóp trộn ướp để hấp hoặc chiên.

Gia vị món kho
Tương gia vị để kho : nước tương 4 thìa lớn, nước kẹo mạch nha 1 thìa lớn, đường 1 thìa lớn, rượu gạo 1 thìa lớn, tỏi băm 1 thìa lớn, hành băm nửa thìa nhỏ, 1 ít vừng.
- Sử dụng khi muốn làm các món kho ngọt và không cay với khoai tây, đậu hũ hoặc cá khô.

Tương kho cay : nước tương 4 thìa lớn, ớt bột nửa thìa lớn, đường nửa thìa lớn, hành băm nửa thìa lớn, tỏi băm 1 thìa nhỏ, muối vừng 1 thìa nhỏ, dầu vừng 1 thìa nhỏ.

- Sử dụng khi muốn thức ăn có vị hơi cay gắt bằng cách cho ớt bột vào và muốn có vị cay xé thì cho một quả ớt Cheong-nyang vào.

Gia vị món trộn

Gia vị nước tương canh: nước tương canh 1 thìa rưỡi nhỏ, đường nửa thìa lớn, hành băm nửa thìa lớn, 1 ít tỏi băm, 1 ít dầu vừng, 1 ít vừng.

- Sử dụng khi xào rau hoặc trộn rau, với 300g rau là lượng thích hợp.

Tương gia vị cay chua: Ớt bột 2 thìa lớn, dấm 2 thìa lớn, nước kẹo mạch nha 1 thìa lớn, tương ớt 1 thìa lớn, nước tương 1 thìa lớn, đường 1 thìa lớn, hành băm 1 thìa lớn, tỏi băm nửa thìa lớn, dầu vừng nửa thìa lớn, muối vừng 1 thìa nhỏ, 1 ít muối.

- Sử dụng khi trộn mực hấp, ốc, dưa chuột, rong biển ngâm, với lượng nguyên liệu vào khoảng 300g là thích hợp.

8. Nước súp cơ bản (cho 2 người ăn, 450~500ml)

Nước súp nếu được làm từ 2 nguyên liệu trở lên thì vị ngọt của nó đậm đà hơn là chỉ làm từ một loại nguyên liệu.

① **Nước dùng rong biển** : 1 bẹ rong biển (5x5cm), nước 3 cốc.
- Cho đầu cá pô-lắc khô và 1/8 củ cải vào nấu sẽ làm cho vị nước canh thêm đậm đà.
- Cho nguyên liệu vào nước lạnh rồi nấu cùng. Khi rong biển chín thì vớt ra. Đầu cá pô-lắc khô nấu thêm 10 phút nữa thì vớt ra và cho củ cải chín nhừ.

② **Nước súp cá cơm** : cá cơm 12g 7~8 con, nước 3 cốc.
- Cá cơm cắt bụng bỏ nội tạng, mở rộng thân cá ra để nước lấy nước súp tiện hơn. Nếu đun lâu thịt bị nhừ, nước sẽ bị đục nên chỉ cần nấu khoảng 10~15 phút.

③ **Nước súp thịt** : Thịt bò (ức hoặc đùi) 80g, hành ba-rô (1 nhánh 5cm), tỏi 3 tép, nước 3 cốc.
- Cho thịt ức hoặc đùi vào nước lạnh. Đun lửa to đến khi sôi mạnh thì giảm lửa xuống, cho hành ba-rô và tỏi vào đun riu thêm khoảng 20 phút nữa.

④ **Nước súp hải sản** : xương cá 100g, sò 20g, củ cải 15g, hành ba-rô một nhánh 5cm, tỏi 3 tép, nước 4 cốc.
- Cho cá rửa sạch máu ráo nước và sò rửa sạch cát vào nước lạnh. Vớt bọt và nấu thêm khoảng 20 phút. Có thể cho thêm tôm nhỏ... vào và được dùng làm nước canh lẩu cay hoặc lẩu cá.

⑤ **Nước súp xương chân** : xương chân 300g, xương sống 100g, thịt ức 100g, nước 10 cốc.

- Ngoại trừ thịt ức, cho các loại xương rửa sạch máu vào nước lạnh vừa đủ ngập rồi nấu. Khi trên mặt nước có màu đen và nổi bọt lên thì đổ bỏ đi. Sau khi xả 1 lần với nước lạnh thì cho nước với lượng vừa đủ vào rồi đun tiếp với lửa to, nó sẽ cho ra nước súp.

- Mở nắp, khi nước bắt đầu sôi thì vớt mỡ nổi trên bề mặt ra ngoài. Nấu khoảng 30 phút thì mùi hôi sẽ bay ra. Cho nhỏ lửa lại rồi đậy nắp nấu tiếp.

- Khi nước canh bắt đầu sôi thì cho toàn bộ thịt ức vào. Nếu thịt chín thì vớt thịt ra thôi và đem xắt mỏng hoặc xé ra để dùng làm nguyên liệu sau. Nước súp xương chân nếu nấu đợt 2, đợt 3 thì nước súp ăn sẽ có vị ngon hơn là nước nấu ban đầu.

- Sử dụng nước súp xương chân cho các loại lẩu thịt bò...

9. Các cách nấu

① Luộc

- Luộc là cách nấu chín trong nước đun sôi. Khi luộc các loại thịt hay cá cần phải cho vào nước đun sôi thì chất protein trên bề mặt sẽ cô đặc lại làm cho chất dinh dưỡng trong nó không bị chiết xuất ra ngoài và hình dạng cũng không bị nát. Để nước canh có vị ngon thì cần đảm bảo đun đủ nhiệt để các thành phần vị được hoà tan với nhau. Củ cải, cà rốt, khoai tây... là loại khó nấu chín nên phải cho vào từ khi nước đamg còn lạnh.

② Trụng

- Khi làm các món rau trụng (giá hoặc rau bi-na...) hoặc các món gỏi hải sản (mực, sò...) thì sử dụng cách này. Đây là cách làm chín tái nguyên liệu trong nước sôi từ 1~2 phút.

- Khi trụng các món rau có màu xanh thì nên cho 1 ít muối vào, để mở nắp và trụng thì sẽ giữ được màu xanh. Rau trụng xả nhanh qua 1 lần nước lạnh để làm bớt nóng rồi chế biến.

③ Kho

- Đối với món kho, khi hỗn hợp gia vị và nguyên liệu bắt đầu sôi lên trong trạng thái lửa to thì giảm lửa từ từ xuống, như vậy gia vị sẽ thấm vào bên trong nguyên liệu và thành phần gia vị sẽ hoà tan hơn vào nước canh. Nếu cứ tiếp tục đun ở lửa to thì nước canh sẽ bay hơi hết trước khi thành phần gia vị thấm bên trong và do đó thức ăn sẽ mất ngon.

④ Hầm

- Đối với hầm canh xương bò hoặc lẩu bò thì khi nước sôi lên 1 lần thì giảm lửa nhỏ để vị của thịt được tiết ra. Khi hầm xương chân để có được vị protein thì nên đun lửa nhỏ ở trạng thái mở nắp, các thành phần vị sẽ hoà lẫn vào nước súp và giúp khử mùi hôi.

⑤ Hấp

- Hấp là phương pháp làm chín thức ăn bằng hơi nước nên chất dinh dưỡng trong món ăn không bị mất đi và có hàm lượng calo ít hơn so với cách chế biến với món chiên có sử dụng dầu ăn nên tốt cho sức khoẻ. Khi hấp, bỏ nguyên liệu vào hấp chín khi nước sôi với lượng hơi nước đã được đảm bảo.

⑥ Nấu nồi hơi

- Nấu nồi hơi là cách nấu cho nguyên liệu vào dụng cụ trước sau đó bỏ vào trong nồi nước nấu ở nhiệt độ nhất định, đây là cách làm cho thức ăn mềm hơn và không phải là cách đun lửa nấu trực tiếp. Ví dụ như món trứng hấp…

⑦ Nướng

- Nướng là cách làm chín thức ăn bằng cách xiên nguyên liệu qua que rồi nướng trực tiếp trên lửa hoặc nướng vỉ. Khi nướng, để làm tăng mùi hương có thể dùng than để nướng. Tuỳ thuộc vào nhiệt độ của lửa nướng mà hương vị món ăn sẽ khác nhau. Ngoài cách nướng trên lửa còn có các loại khác như dùng chảo nướng, đá nướng…

⑧ Xào

- Xào là cách làm chín thức ăn trên chảo nóng có tráng một ít dầu ăn. Sau khi chảo nóng thì cho 1 ít dầu ăn vào, phải xào ở nhiệt độ cao trong thời gian ngắn nhất thì chất dinh dưỡng trong nguyên liệu mới không bị mất đi và hình dạng không bị thay đổi.

⑨ Chiên

- Chiên là cách làm chín thức ăn bằng cách cho dầu vào chảo bằng với đủ ngập nguyên liệu chiên, với hàm lượng calo cao hơn so với các cách nấu khác nhưng có vị ngon hơn.
- Cách nhận biết nhiệt độ của dầu là khi cho các nguyên liệu vào trong dầu, nếu chìm xuống đáy chảo thì nhiệt độ là 150~160 độ, nếu lơ lửng ở giữa chảo thì rồi nổi lên thì nhiệt độ là 170~180 độ, nếu nổi bên trên ngay thì nhiệt độ là 190~200 độ. Có thể tuỳ loại nguyên liệu mà nhiệt độ chiên tương ứng có khác nhau nhưng nhiệt độ thích hợp nhất là trên dưới 180 độ. Nếu nhiệt độ của dầu thấp thì khả năng hấp thụ dầu vào nguyên liệu sẽ lớn, bị mềm còn nếu nhiệt độ quá cao thì trước khi chín nguyên liệu đã bị cháy bên ngoài.
- Dầu ăn thích hợp cho món chiên gồm dầu ăn thực vật, dầu cải hay dầu hạt nho... còn với những loại như dầu ô-liu, dầu vừng hay dầu tía tô... do không thích hợp cho các món chiên nên được sử dụng cho các món rau trộn hoặc xa-lát trộn.

다문화 가정을 위한 한국요리 시리즈

'다문화 사회' 우리의 미래입니다.

도움주신 분들
한국다문화가정연대 자원봉사단 '솥단지'